언제라도 경주

GYEONGJU

언제라도 여행 시리즈 03

글·사진 김혜경

언제라도 경주

푸른향기
Prunyek Publishing Co.

홍문로 뻘경길

교육버스터미널
시외버스터미널
경주 예술의 전당

하나로마트

경주중앙도서관

황성공원

미사

NOWORKS

노워즈

경주문화원 황토서울관

이어서

오마는 미술관

아취사

이어서

TAK!

月井

누서리 리빙크

분황대

황리제과

경주읍성

대능원

도미

커피플레이스

너도

성동시장

죽성주정 빨래관

선방온밀국수

(주)경주역

가바스테이션

버섯커피

앤 화

FROG COFFEE
ROASTERS

모이콘빌국수

프라게 커피 로스터스

BOWHASA
분수화사

솔향해

버섯커피 로스터스

솥츠짐밥 스텔로커피

우돌상점
Vietnam
BooK

불국사 예사문화관

우돌상점

불국사

본문단지. 감포

경당능

계절을 담아내는 도시, 경주

서라벌, 금성, 계림, 지금도 옛 이름이 곳곳에 남아 있는 경주. 그 앞엔 늘 천년, 신라, 역사 같은 말이 붙는다. 이젠, 경주 앞에 붙는 말들이 일상에 겹쳐 흐름을 안다. 무심코 걷는 골목에도, 저 멀리 보이는 능선에도 그 이야기들이 스며있음을. 화려한 유적과 유물만이 아닌, 그것들을 곁에 두고 살아가는 일상이 경주를 더 따뜻하게 만든다는 것도. 곳곳이 나무와 풀과 꽃으로 뒤덮여 계절이 바뀌면 가장 먼저 궁금한 도시. 아름드리 반월성의 벚꽃 숲에 반했고, 온통 신록으로 뒤덮인 오월의 경주에 빠졌다. 정신 못 차리게 더워도 진하고 달콤한 복숭아로, 오로라 같던 노을로, 황남동 메타세쿼이아 나무 아래에서 마시는 맥주 한 캔으로 그 여름을 즐겼다. 축제 같았던 불국사의 단풍과 샛노란 은행잎에 덮인 노서리의 고분은 경주의 가을에만 볼 수 있는 그림이었고, 아무도 없는 시린 겨울밤 대릉원의 정적은 쓸쓸한 찬란함이었다.

매년 매 계절에 경주를 찾아가도 며칠 차이로 자리를 차지하고 피는 꽃이 달라지고, 초여름, 한여름, 늦여름에 따라 하늘도 나뭇잎의 진함도 달랐다. 하루 차이로 무성했던 나뭇잎이 다 떨어지고 없는 날도 있었고, 어쩐 봄이었다가 오늘은 한겨울이 되기도 했다. 이렇게 살아있는 것들은 매년 다른 청춘을 키우고 보내며 같은 장소, 같은 계절이라도 다른 감정을 전했다. 매 순간, 다른 삶을 보여주는 것들이 경주엔 가득했다. 그러다 불쑥 들어간 골목과 마주하면 그곳의 삶이 궁금해졌다.

황리단길에서 벗어나 조금만 들어가도 자동차는 다니기 힘든 골목길이 존재한다. 보이지 않는 막에 싸인 듯 조용한 그곳을 걷다 보면, 겨울 볕에도 부풀어 오른 산수유 꽃봉오리가 보였다. 목욕탕 굴뚝에 연기가 피어나던 겨울이 지나면 바로 옆 목재소에선 나무 냄새가 진동한다. 어느새 집 앞에 놓아둔 화분엔 온갖 채소들이 자라고, 어스름 저녁엔 밥 짓는 냄새가 났다. 자전거를 타고 가는 어르신을 따라가다 보면 활짝 열린 대문으로 강아지가 반겼고, 더운 여름밤엔 읍성 정자에 모여계신 어르신들이 경계도 없이 마음을 내주셨다. 가을엔 집 앞에 국화가 색색이 피어 지나가는 여행자의 마음을 붙잡았다. 아침 산책을 나섰다가 잠깐 열리고 사라지는 시장을 만나고, 추운 겨울에도 열심히 체조하는 할머니들을 만나면 나도 그곳에 끼고 싶어졌다. 혼자 밥 먹고 나가는 손에 따뜻한 물병을 쥐여주고, 자리가 없어 뻘쭘하게 서 있으면 같이 와 앉으라고 손짓했다. 빠르게 흐르는 세상 속에서 경주는 다른 속도로 흘러가는 듯했다. 조금은 느리고, 느긋하게. 하지만 깊이 있고 다정하게.

이제 고작 4년. 부족하다는 걸 알면서 덜컥 써 보겠다고 마음먹은 건, 경주를 좋아하는 마음은 그 누구에게도 지지 않을 것 같아서였다. 긴 시간 함께하지 않았다고 해서, 좋아한 지 얼마 되지 않았다고 해서 그 마음이 작은 건 아니라 생각했다. 마음은 몇십 년 경주에 산 사람처럼 굴지만, 부끄럽게도 남산도, 양동마을도, 포석정, 감은사지 등등 열거하기에 벅찰 정도로 가보지 못한 곳들이 많다. 하지만, 가보지 못한 곳들이 많이 남아 있어, 갈 때마다 설렌다.

걷고 달릴 수 있는 곳에 닿아 있는 경주의 사계절을 온전히 여행자로서 담고 싶었다. 카메라에 담았지만, 그보다 마음으로 담고 싶었다. 빠르게 지나치기보다 천천히 머물고 싶었다. 경주는 이 책에서보다, 더 감성적이고, 덜 세속적이고 더 아름다운 곳이다. 부디, 서툰 글 속에 담긴 아름다운 경주를 볼 수 있길. 계절을 담아내는 이 도시에 당신의 마음도 담기길 바라며.

CONTENTS

CONTENTS

2부 희, 로, 애, 락, 여름

3부 나를 보듯 경주를 보았다, 가을

4부 어게인 희, 로, 애, 락, 겨울

5부 경주의 공간

1부

언제라도 몇 번이라도, 봄

spring

버스가 서자, 아주머니 한 분이 느긋하게 내렸다. 주변은 온통 논밭뿐인데 어디로 가시는 걸까. 모내기 준비로 물을 가득 담아 논에 하늘이 비쳤다. 그 속으로 구름도 지나고, 새도 지나간다. 간간이 퍼져나가는 물결에 바람이 지나는 것도 느낄 수 있었다.

반갑기도, 반갑지 않기도 한 만남

: 흥무로, 김유신 장군묘

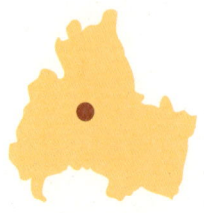

툭! 툭!

뒷자리에서 누군가 내 어깨를 친다. 뒤돌아보니

"어? 자기가 왜 여깄어?"

"히히. 깜짝 놀랐지? 나 아까부터 여기 있었는데."

너무 반갑기도, 반갑지 않기도 한 그녀가 나와 같은 기차 안에 있었다. 어리둥절해 있는데, 이제 곧 경주에 도착한다는 안내 방송이 나왔다. 그녀가 왜 여기 있는지 생각할 겨를도 없이 우린 기차에서 내려 버스 정류장으로 향했다. 둘 다 어떻게 가야 하는지 모르긴 매한가지라 앱을 켜고 흥무로까지 가는 버스를 검색했다. 한껏 달뜬 쫑이의 얼굴에 나도 같이 웃었지만, 마음 한구석엔 반갑지 않은 마음이 쭈그리고 있었다.

　코로나는 나를 찌질하게 만들었다. 자주 화가 났고, 자주 속상했고, 자주 눈물이 났다. 근무도, 수업도 모든 걸 집에서 해야 했던 그때, 하루 종일 옆에 있는 남편과 아이들이 버거워졌다. 나는 종종 싱크대 앞에 쭈그리고 앉아 시간을 보냈다. 거기가 내 자리라며 궁상을 떨었다. 복작거림보단 덩그러니 있고 싶었다. 그러다 식구들이 돌아가며 코로나에 걸렸다. 열흘 넘게 집 밖을 나가지 못하던 어느 날, 혼자 어디든 가야겠다고 마음먹자마자 기차표를 예매했다. 그리고 이틀 뒤 경주로 떠나왔다. 누군가를 살펴야 하고, 누군가와 얘길 해야 하고, 누군가의 취향을 고려해야 하는 상황을 만들고 싶지 않았다. 혼자 있고 싶어 떠났는데, 갑작스러운 쫑이의 등장은 예상엔 없던 일이었다.

좁은 인간관계 속에 몇 안 되는 친구들. 그중에서도 쫑이는 언니 같고, 친정엄마 같기도 한 친구다. 무슨 일이 생기면 제일 먼저 전화를 걸어오고, 내 부모님이 어디 아프시단 얘기를 듣기라도 하면, 나 없이 우리 집에 다녀가기도 한다. 형부(쫑이 남편)가 따온 능이를 쟁여났다가 만나면 능이백숙을 한 솥 끓여주고, 떡볶이가 먹고 싶다고 하면 한 냄비 뚝딱 만들어 준다. 취하면 꼭 끌어안고 "아프지 마"라며 다독여 주는 사람. 그런 그녀이기에, 평소라면 방방 뛰며 난리를 부렸을 텐데, 뜨뜻미지근한 반응에 혹시 서운하진 않았을까 걱정이 됐다.

경주여중 앞에 내려 걸어가는데 저 앞으로 방울 솜을 뭉텅뭉텅 줄지어 놓은 듯, 커다란 벚나무들에 벚꽃이 흐드러지게 피어있었다. 아침 일찍이라 차도 사람도 없는 흥무로 벚꽃길. 쫑이는 그 길에 서 있는 나를 찍어주느라 몇 걸음 뒤에서 더디 오고 있었다.

나무뿌리로 울퉁불퉁해진 보도 위를 걸을 땐 남자친구처럼 손을 뻗어 안으로 밀어줬다. 한껏 꽃에 취해 바라보다 고개를 돌리면 그녀도 나처럼 꽃에 취해 있었다.

　잘 알지도 못하면서 어디서 들은 건 있어서 흥무로 근처에 있다는 김유신장군묘의 벚꽃을 찾아가는 길. 길을 잘못 들어 벚꽃은 보이지도 않는데, 쫑이는 개나리와 진달래를 가리키며 어린애처럼 웃었다. 그 웃음에 나도 웃었다. 김유신 묘를 한 바퀴 돌아 나오다, 흥무문 옆으로 들이친 아침 볕에 말개진 진달래를 보고 있자니 '아무렴 어떠냐~'는 마음이 들었다. 올라왔던 길이 아닌 다른 길로 내려가다 풍문으로 들었던 벚꽃길을 만났다. 흥무로 벚꽃이 넉넉하고 풍만하다면 이곳의 벚꽃은 새침하고 시원시원했다. 길고 높게 자란 벚나무들. 산 그늘에 피어서인지 다물고 있는 꽃들이 더 많아 어딘지 어려 보였다. 야트막한 길을 내려와 다시 마주한 흥무로 벚꽃은 형산강을 배경 삼아 뽀얗게 빛나고 있었다. 그 길을 스님 두 분이 앞서거니 뒤서거니 하며 걷고 계셨다. 우리도 앞서거니 뒤서거니 하며 걸었다. 혼자 여행할 내가 걱정돼 그 새벽에 경주까지 내려온 그녀가 참 맑게도 웃으며 말했다. "있잖아. 나 너무 좋다!"

봄의 흥무로엔 수십 년 수령의 벚꽃이 길 양옆으로 흐드러지게 피어있어요. 형산강 쪽으로 중간중간 만들어 놓은 데크에서 보는 벚꽃을 좋아합니다. 한국원자력환경공단 본사 옆 충효천길과 흥무로가 만나는 지점에서 바라보는 벚꽃(형산강을 배경으로 한)도 좋아합니다. 여긴 꼭! 아침 일찍 가시는 거 추천!!

불완전한 봄

: 양지식당

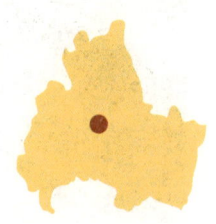

"콩나물밥? 맛난 거 먹으라니까!"

겨우 콩나물밥이냐고 타박하는 그녀나, 맛있는 거 사주라고 용돈까지 챙겨준 형부나 둘 다 마음 씀씀이가 나완 다르다. 그들의 다정엔 사양도 별 소용없다. 브레이크타임이 얼마 남지 않아서인지 식사를 거의 마친 손님만 몇 있을 뿐, 가게 안은 한산했다. 메뉴는 콩나물밥과 파전이 전부. 요즘엔 이런 간결한 메뉴 구성이 더 좋아진다.

"콩나물밥 두 개랑 파전 하나 주세요."

기본 반찬으로 작은 오이고추와 쌈장, 겉절이와 피클 같은 물김치, 그리고 양념장이 나왔다. 보통 콩나물밥엔 양념간장이나 고추장이 나오는데, 여긴 둘 다 아니었다. 굵은 고춧가루를 볶은 것 같기도 한데 '다대기'하고는 또 달랐다. 궁금함에 양념장을 찍어 맛을 본 쫑이가 "안 짜. 와, 맛있어!" 한다. 나도 따라 맛을 봤다. 이걸 뭐라고 설명해야 할지. 생긴 거와는 다르게 맵지도 않고, 감

칠맛이 도는데 짜지도 않다. 이븐한 매콤함과 감칠맛? 픕. 이건
먹어봐야 알 수 있는 맛이다. 양념장 품평회를 하는 사이 쫑쫑 썬
미나리와 채친 당근, 팽이버섯과 김 가루가 뿌려진 콩나물밥이
나왔다. 양념장을 듬뿍 넣고 젓가락으로 살살 비볐다. 코끝을 치

고 올라오는 참기름과 양념장 냄새에 위장이 요동쳤다. 그도 그럴 것이, 아침부터 꽃에 취해 만 보를 넘게 걸었는데, 그때까지 먹은 거라고는 커피와 작은 토스트 한 조각이 전부였다. 콩나물밥을 한 숟가락 듬뿍 떠서 입에 넣으니 웃음이 절로 났다. 그렇게 걷고 먹으면 어지간한 건 다 맛있겠지만, 참말로 맛있었다. 먹다 보니 파전이 나왔다.

"동동주 한잔해. 내가 쏜~은 해줄게."

"술은 같이 마셔야 맛있지~ 괜찮아."

술 한 잔만 마셔도 촌스럽게 뻘게지는 얼굴 탓에 낮술은 피하는지라, 그녀의 흥에 맞장구쳐 주지 못해 미안했다. 하지만 동동주 없이도 꿀떡꿀떡 잘도 넘어가는 파전. 작은 오이고추도 맛이 어찌나 꽉 찼는지, 경주가 오이고추로 유명한가 싶어 검색해 볼 정도였다.

"여보세요. 응. 밥 먹고 있어. 맛있는 거 먹으랬더니 콩나물밥 먹어."

전화기 너머로 들리는 형부의 목소리. 집 걱정하지 말고 재밌게 놀다 오라는 전화였다. 좋이는 걸려 오는 전화에 맘 편히 여행도 못 한다며 너스레를 떨었지만, 나는 그녀가 사랑받는 모습이 좋았다. 오이고추를 베어 물고, 파전을 찢어 서로 앞에 놓아주고, 한 숟가락 푹 떠서 우물우물 콩나물밥을 먹어가며 이런저런 사는 얘기들을 주고받았다.

"다들 말을 안 해서 그렇지, 사는 건 다 거기서 거기겠지? 나는 혼자 여행이라도 갈라치면 먹을 거 다 해놓고, 며칠씩 비위 맞추고. 그럼 그러겠지? 내가 언제 그런 걸로 눈치 줬냐고. 진짜 안 줬을지도 모르고. 그냥 나 혼자 눈치 보였던 건지도."

"그래도 그대는 이렇게 혼자 여행도 다니잖아. 나는 이게 처음이라니까~ 다 똑같아. 네 신랑이나 내 신랑이나. 그래도 다들 그만하면 착하지."

사랑받든 자유롭든 뭐가 중요한가. 그냥, 이런 사소한 감정들을 사사로이 얘기 나눌 시간이 필요했었다. 어쩌다 보니 그런 사소한 감정이 남편 뒷담화일지라도 착하다는 말로 무마할 수 있는 얘기들이라 다행이었다.

경주의 순간 – 몽글몽글한 봄

: 반월성 벚꽃 숲

이런 벚꽃 아래에서 결혼식을 하고 싶다. 거창한 그런 거 말고, 소꿉장난하듯 가볍게. 가령 하얀색 원피스를 입는다든지, 아니면 가장 아끼는 옷을 입는다든지. 민들레, 냉이꽃, 제비꽃 같은 들꽃과 들풀로 부케도 만들고. 다시 생각해 보니까 결혼식은 좀 주책이다. 아무래도 남편은 "이미 했는데 무슨 결혼식?"이냐며 거절할 테니, 봄 되면 반월성에 자리 펴고 들꽃 부케 만들어 지나가는 커플들 사진 찍어주는 오지랖을 부리고 싶어지네. 뭘 해도 몽글몽글한 봄이다.

뜻밖의 순간

: 신라천년서고 옆 목련 숲

모든 걸 같이하지 않아도 서운해 하지 않은 이와 함께라 다행인 여행. 박물관 구경을 하고 싶은 친구들은 박물관 안으로 들어가고, 나는 혼자 밖에서 시간을 보냈다. 반월성에서 건너올 때부터 자꾸 눈에 들어오던 목련을 쫓아 내려가다 보니 '신라천년서고'라는 처음 보는 도서관 옆이었다.

보통 목련 나무는 촘촘하게 꽃들이 피어 한 그루만 있어도 그 존재감을 드러낸다. 이곳의 목련은 여러 그루가 심어진 탓에 햇빛을 서로 받으려고 위로 자랐는지, 아니면 종류가 다른 건지 여타의 목련과는 달랐다. 성글게 피어있는 목련꽃은 높이도 피어있어 고개를 한껏 젖히고 쳐다봐야 했다. 길쭉한 목련 나무들로 이루어진 작은 숲. 바람이 불 때마다 흔들리는 목련을 바로 옆 서고 건물 턱에 걸터앉아 바라보고 있자니 이 시간이 오래오래 머물렀으면 싶어졌다. 오는 이도 거의 없었다. 숨기려고 숨은 그런 장소는 아니지만, 다들 박물관 구경만 하고 이곳까지는 내려오질 않아 그런 것 같다.

　나무들이 워낙 길쭉하다 보니 같이 사진 찍기도 쉽지 않다. 찍어도 사진엔 담기질 않아 이내 포기하고 그저 꽃만 바라보게 된다. 바람에 나부끼는 하얀 목련을 가만히 올려다보고 있으면 처음엔 서고 턱 위로 다리가 올라가고, 다음엔 손이 무릎 위로 올라가다 마지막엔 손으로 턱을 괴고 멍하니 빠져든다. 마치 최면에

걸리듯. 그렇게 아무 생각 없이 목련을 바라보다 보니, 본의 아니게 봄의 시간을 오롯이 즐길 수 있었다.

바람 소리도 들리고, 새소리도 들리고, 때론 선덕대왕신종의 종소리도 들린다. 멀리서 들리는 사람들의 대화마저 기분 좋게 들린다. 손가락만 움직이면 휙휙 바뀌는 자극적인 것들에서 벗어나, 잠시나마 중독된 심신을 쉬게 해준다.

벚꽃 만개를 기대하고 왔다가 너무 일러 봉우리 진 벚꽃만 실컷 봤지만, 그 아쉬움을 우연히 만난 목련이 달래준 봄의 경주. 여행은 그런 뜻밖의 순간으로 진해진다.

경주는 벚꽃도 아름답지만, 시간이 맞지 않아 조금 이른 봄에 갔다면 벚꽃 대신 목련이 반겨줍니다. 봉황대 앞, 대릉원, 오릉까지 예쁘고 유명한 곳이 많지만, 이곳의 목련도 그에 못지않게 매력적입니다. 목련도 예뻤지만, 소리가 예쁜 장소이기도 합니다. 좋아하는 노래를 작게 틀어놓고 바라보세요. 행복이 가득해질 테니.

느긋해지려 11번 버스를 타다

여행의 템포는 스스로가 정하지만, 지나친 욕심에 빨라진 속도는 종종 걷잡을 수 없어질 때가 있다. 그럴 땐 11번 버스를 타고 불국사로 향한다. 버스에 몸을 싣고 가다 보면 박자는 조금씩 느려진다.

교통카드가 안 되는지 난감한 표정의 외국인 여행자. 현금으로 내도 된다는 기사님의 말은 전해지지 않고, 여행자의 말도 닿지 않는다. 서로 당황해 같은 말만 반복하고 있는 상황. '도와줄까?' 망설이며 주저하는 사이, 할머니 한 분이 쿨하게 차비를 건넨다. 반박자 빠른 인류애에 마음은 두세 박자 느려졌다.

버스는 경주박물관을 지나 천년숲정원 앞에 멈췄다. 창밖으로 아기 손바닥 같은 새잎들이 반짝였다. 조금 천천히 가주면 좋겠다고 생각했다. 내 마음과는 달리, 통일전을 지나 곧게 뻗은 은행나무길을 내달리던 버스는 하차벨 소리에 이내 속도를 줄였다. 버스가 서자, 아주머니 한 분이 느긋하게 내렸다. 주변은 온통 논밭뿐인데 어디로 가시는 걸까. 모내기 준비로 물을 가득 담아 논에 하늘이 비쳤다. 그 속으로 구름도 지나고, 새도 지나간다. 간간이 퍼져나가는 물결에 바람이 지나는 것도 느낄 수 있었다.

도지마을을 지나칠 즈음, 등나무꽃이 여기저기 피어있었다. 등나무 줄기에 감겨 형태만 드러난 나무는 무엇일까. 차창에 머리를 기댄 채 심드렁하게 등나무꽃을 쫓다가, 처진 입꼬리를 억지로 끌어올렸다. '어! 벌써 오동나무꽃이 필 때인가?' 조금 이른 듯했지만, 좋아하는 오동나무꽃은 멀리서도 단박에 알 수 있었다. 억지로 올렸던 입꼬리가 자연스러워졌다.

오동나무꽃을 처음 본 건 몇 해 전의 일이다. 새로 생긴 도서관에 가던 길, 하늘 높이 보라색 꽃을 피운 오동나무가 눈에 들어왔

다. 그 옆을 지나자 은은한 향기가 퍼졌다. 며칠 뒤엔 나무 밑으
로 툭툭 떨어진 꽃이 보였다. 연한 보라색 꽃잎과 옅은 갈색의 꽃
받침. 색도 자태도 고운 꽃송이가 온전히 한 송이씩 땅 위에 놓여
있었다.

딸을 낳으면 오동나무를 심는다는 말이 떠올랐다. 누군가 오동
나무꽃만큼 예쁜 딸을 낳고, 심은 나무가 아닐까, 생각하다 보니
버스는 벌써 불국사 시외버스 정류장 앞의 로터리를 돌고 있었

다. '여기서 내리면 부산손칼국수가 있는데…' 생각만 해도 입에 침이 고였지만, 이미 재료소진으로 문을 닫았을 시간이라 마음을 접어 넣었다. 오후 볕이 부옇게 내려앉은 정자에는 한껏 멋을 낸 어르신들이 앉아 계셨다. 베레모, 중절모, 캡모자까지 취향도 다양한 모자를 바라보다가, 비뚤어진 내 모자챙을 바로잡았다. 정자 옆에는 라일락이 꽃을 피우고 있었다. 하나같이 사랑스러운 향기를 가진 보랏빛 꽃들로 가득한 봄이었다. 닫힌 버스 창문으로 그 향이 전해질 리 만무하지만, 기억 속에 남아 있는 꽃의 향기가 코끝에 맴도는 듯했다.

봄날 오후의 빛은, 어쩐지 수면 성분이 들어 있는 듯 몽롱해졌다. 반쯤 감긴 눈으로 구불구불한 나무 터널을 바라보다 보니 어느새 불국사 앞에 도착했다. 기지개 한 번 켜고, 느릿느릿 겹벚꽃이 진 언덕을 올랐다. 활짝 피어 한창이었다면 다시 빨라졌을 걸음은, 피어있는 꽃보다 바닥에 떨어진 꽃잎이 몇 곱절은 더 많아, 자꾸만 멈췄다. 잠이 덜 깬 듯, 꿈결을 거니는 듯 꽃잎 가득한 언덕을 걸었다.

석가탄신일 에디션

: 불국사

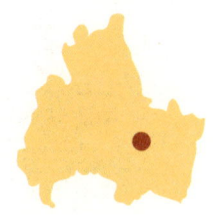

　슬렁슬렁 불국사로 올라가는 길. 일주문부터 연등이 매달려 있는 걸 보니 부처님 오신 날이 얼마 남지 않았나 보다. 늦은 오후의 불국사는 한가로웠다. 길게 드리우는 석양빛에 서쪽의 나뭇잎들이 군데군데 불이 켜진 듯 투명하게 빛이 났다. 걸음마다 초록의 봄을 담고 걸었다.

　음료수 자판기 위에도, 상점 지붕 위에도, 범영루와 자하문, 좌경루에도 동글동글 알록달록한 연등으로 한껏 꾸며놓은 불국사. 어린이날이면 TV에서 보던 색색의 동그란 풍선들이 하늘로 날아가던 장면이 떠올랐다.

　불국사에 오면 꼭 보고 가는 풍경이 있어 극락전 방향으로 올라 관음전으로 향했다. 관음전 마당에는 목련 나무가 있다. 그 목련 나무 옆에 서서 바라보면, 불국사를 품고 있는 나무들이 배경이 되고, 대웅전과 좌경루의 기와지붕이 어우러지며, 무설전 지붕 위로 빼꼼히 보이는 다보탑은 언제봐도 아름답다. 이곳에선 대웅

전 앞의 연등은 보이지 않았는데, 살짝 고개를 돌리니 나무 밑으로 연등이 아이들 목걸이처럼 길게 늘어서 있었다. '불국사가 이렇게 귀여웠나?' 혼자 빙그레 웃으며 비로전으로 향했다.

나한전 앞, 지난가을 붉게 타오르며 사람들을 붙잡던 단풍은 초록의 별을 단 모습으로 바뀌어 있었다. 평소에도 극락전이나 법화전 터에는 소원을 담은 연등이 빼곡히 달려있지만, 좀 더 밝고, 환한 느낌이 드는 건 기분 탓인가? 했는데, 꽃이 달려있다. 바람에 날리는 연등의 소원들을 읽어가며 대웅전으로 향했다.

늘 사람들로 북적이던 석가탑과 다보탑은, 오늘은 사람들 대신 색으로 가득했다. 사랑방 캔디[1]스러움을 어쩌나. 어딘지 유니버셜 스튜디오에 있는 닌텐도 월드도 생각나고. 점 하나 찍고 다른 사람이 된 드라마의 주인공처럼 연등만 걸어 놨을 뿐인데, 다른 불국사에 온 듯 분위기가 달라져 있었다.

불국사의 인간적인 면과 마주한 기분이다. 어쩐지, 세상에서 짊

---

1) 1982년 롯데가 출시한 드롭스 사탕으로, 보통 '사랑방 캔디'로 불림. 알록달록한 알사탕이 깡통에 들어있는 게 특징.

어지고 있는 속죄도 웃으며 덜어낼 수 있을 것 같았다.

　종교는 없지만, 부처님의 생일 파티에 초대된 듯한 기분이 들었다. 선물도 없는 빈손에 마음만 가득 담아 합장하며 "부처님 생일 축하해요" 하고 외쳤다. 요란하거나 화려하기보다는 귀여워 빙그레 웃게 되는 불국사의 석가탄신일 에디션.

경주의 순간
- 향긋한 꽃냄새가 실바람 타고 솔솔
: 국립경주박물관 내 이디야

5월, 경주박물관에 들렀다면 이디야에도 꼭 들러야 한다. 테라스 문이 닫혀있다면, 문을 열고라도 나가 난간에 기대어 밖을 바라봐야 한다. 맛은 평범하지만, 모양은 기가 막히게 예쁜 수막새 마들렌을 손에 들고 '신라천년보고'를 바라보면, 아카시아꽃에 가려 지붕만 빼꼼히 보인다. 사르륵 부는 바람에 열매처럼 주렁주렁 매달린 꽃들도 사르륵 부딪히고, 한껏 휘어져 휘청이는 버드나무에서는 솜털이 날린다. 그 솜털이 아카시아꽃 향기를 품고 멀리멀리 퍼져 나간다. 하얀 꽃 이파리가 눈송이처럼 날리고, 향긋한 꽃냄새가 실바람 타고 솔솔 퍼져 나가는 경주박물관.

> 수막새 마들렌은 쑥, 흑임자 두 가지 맛이 있는데, 개인적으로는 흑임자 맛을 더 좋아합니다.

축축하고 우중충한

: 덕클 황리단길점

보던 것만 보고, 먹던 것만 먹고, 듣던 것만 들으면 늙은 거란다. 그래서 우리도 좀 다른 것을 먹어보자며 경주에서의 첫 끼는 퓨전 아시아 식당으로 정했다. 먼저 도착한 친구들(견과 진)이 있는 식당으로 부지런히 걸어갔다. 십 년쯤 된 내 오래된 우산. 애들용이라 이렇게 주룩주룩 내리는 비엔 별 소용이 없다. 이미 신발 끝이 젖어 양말이고 바짓단이고 축축해졌다. 오랜만에 친구들 볼 생각에 설레는 마음 반, 날씨가 이 모양이라 축축한 마음 반. 반반한 마음으로 우산을 털고 식당에 들어섰다.

"뭐야? 왜 얼굴이 반쪽이 됐어?" "왜 이렇게 말랐어!"

남들이 보면 어디가? 할 얘기들을 만나자마자 주고받았다. 늘 서로에게 관대한 우리들이라 몸무게가 최고치를 찍어도 이쁘다 괜찮다 해주는데, 이번엔 정말 둘 다 살이 쏙 빠져 있었다. 앉자마자 음식부터 주문하고 그간의 안부를 묻기 시작했다.

"진이 아팠다며 괜찮아?"

"나 신장 투석하잖아. 몰랐구나? 일주일에 세 번, 병원 가서 투석해. 호호호."

작고 동글동글한 얼굴이 더 작아져 버린 진은 작은 입으로 별거 아니라는 듯 말했다. 작은 눈은 웃으며 더 작아졌다.

"전이는 왜 이렇게 반쪽이 됐어? 왜 너만 이뻐져?"

"나 아팠어. 딱히 어디가 막 아픈 건 아닌데. 그냥 다 아팠어. 그때 우리 강릉 갔다 와서 감기 걸리고 나서부터 계속 아팠어. 하하하."

이것도 이렇게 웃으며 할 얘기인가? 무소식이 희소식이라는데 그건 마흔 이하 한정인 듯. 무소식은 이제 별일이 있는 거고, 좋은 소식보단 슬픈 소식이 많을 나이임을 실감했다. 나도 가끔 피곤하고 아프긴 했지만, 그럭저럭 잘 지내고 있었던 터라 나의 무심함이 어쩐지 미안해졌다. 새벽에 일어나 병원에 들러 투석하고 온 진. 갓 튀겨 나온 탕수육을 나에게 건네주는 그녀의 쇄골에는 반창고가 붙어 있었다. 그걸 쳐다보는 내 시선이 느껴졌는지 그녀가 말했다.

"괜찮아. 다들 투석하면 엄청 힘들다는데, 나는 그 정도는 아니야~ 술도 별로 안 땡겨. 처음에 응급실 갈 땐 죽을 것 같았는데, 지금은 많이 좋아졌어. 운동도 열심히 하고."

옆에서 듣던 천이 대꾸하듯 "나는 샤워하다가 잠깐 정신을 잃었다니까. 나 힘들어서 수영도 안 하고 아무것도 안 하는데, 살이 막 빠지잖아. 그랬더니 아는 동생이 병원 가서 검사해 보래. 암일 수 있다고 막 겁줘. 근데 암보험 보장 좋은 걸로 바꾼 지 얼마 안 돼서 3개월 뒤에나 가서 검사받아 보려고. 하하. 그래도 지금은 많이 좋아졌어."

가슴 철렁한 얘기를 이렇게 유쾌하게 털어놓는 그녀들.

가지라면 질색하던 중학생들은, 이제 가지 요리도 즐기는 어른이 되었다. 시킨 음식 중 가장 맛있던 가지튀김을 자꾸만 서로 앞에 놓아주며, 서로의 건강을 염려했다. 투명하고 맑은 날, 활짝 핀 벚꽃을 기대했지만, 우리는 날씨처럼 좀 축축하고 우중충한 인생의 시기를 보내고 있었다. 너무 버겁지 않게, 조금은 수월하게, 그녀들의 대답처럼 유쾌하게 지나가길 바라며.

거북이 로망

: 노서리 고분군

　달리기를 좋아하지 않는다. 어릴 땐 산이고 들이고 휘젓고 뛰어다녔으니, 원래부터 그랬던 건 아닌 듯하다. 기억을 더듬어 보면 달리기가 경쟁이 된 순간, 내가 못 한다는 걸 깨닫게 된 순간부터 달리기가 싫어졌다. 술래잡기라도 하면 술래에게 잡히기 일쑤였고, 술래가 되면 좀처럼 잡질 못했다. 체육 시간에 달리기가 있으면 다친 허리를 핑계로 빠지곤 했다. 그렇게 달리기와는 점점 멀어졌다.

　좋아하진 않지만, 아침 공기를 가르며 달리는 사람들을 부러워했다. 무라카미 하루키처럼, 언제 어디서든 달리는 사람이 되고 싶었다. 수영도 못 하면서 비키니를 입고 바다에 뛰어드는 상상을 하고, 좋아하지 않으면서 여행지의 낯선 풍경 속을 달리는 로망을 꿈꿨다. 어느 곳을 여행하든 아침 산책을 나서지만, '내가 제일 못 하는 건 달리기'란 생각에 늘 망설이며 선뜻 발을 구르지 못하던 내가, 달리기 시작했다. 빨리, 그리고 오래 달리지는 못하지만.

겨울만 되면 전생에 곰이었나 싶을 정도로 집에만 박혀 지낸다. 살기 위해 산책 정도는 할 뿐, 마음먹고 나서는 여행이 아니면 어딜 가고자 하는 생각도 들지 않는다. 그날도 침대 위를 뒹굴며 유튜브를 보다가 '당신도 30분을 달릴 수 있어요!'라는 제목에 "에이~ 진짜로?"라며 재생 버튼을 눌렀다. 영상에서 알려준 대로라면 나 같은 사람도 달릴 수 있을 것 같았다. 홀린 듯 앱을 깔고 밖으로 나섰다. 고작 1분을 달리는 동안 그 1분이 억겁 같았다. 죽을 것 같은 1분이 좀 편해질 즈음 2분으로 늘어나고, 그 2분이 버틸 만해질 즈음 3분으로 늘어났다. 차츰차츰 시간을 늘리며, 영상에서 알려준 대로 성실히 겨울 끝을 보냈다. 쉬지 않고 10분을 달릴 수 있게 됐을 무렵, 봄의 경주가 나를 불렀다. 달리기 편한 운동화로 골라 신고, 경주로 향했다. 가는 내내 비가 내렸지만, 다음날은 맑을 거란 일기예보에 묘하게 설렜다.

일찍 잠들어서 일찍 떠진 눈. 주섬주섬 옷을 입고, 휴대폰과 카메라를 챙겨 들었다. 중앙시장 근처에 있는 숙소를 나와 봉황대 쪽으로 슬렁슬렁 달렸다. 신호도 많고, 달리기에 적합한 길도 아니지만 그래도 좋았다. 힘들어 죽을 것 같은데, 자꾸만 웃음이 새 나왔다. 월성초등학교 앞을 지나 봉황대 앞의 활짝 목련꽃을 보며 달렸다. 그렇게 계속 달렸으면 좋으련만, 노서리 포토존[2] 앞을 그냥 지나치지 못했다. 상상하던 로망의 한 장면이 이곳에서

---

2) 노서리 고분군에 있는 필자 마음대로 정한 사진찍기 좋은 곳입니다. 보통 '노서리 그 자리'라고 표현합니다.

그려졌다. 카메라를 내려놓고 휴대폰을 리모컨 삼아 달리는 자세를 잡으며 야단법석을 떨었다. 찍고 확인하길 몇 차례. 전문가들이 보면 헛웃음이 절로 나올법한 자세겠지만, 사진은 제법 그럴 듯하게 나왔다. 그런데 사진 찍는다고 꽤 시간을 보냈는지, 나올 때 충전이 안 돼 있던 휴대폰 배터리가 간당간당했다. 휴대폰이 꺼지면 기록이 남지 않을까 봐 마음이 조급해졌다. 우선 기록부터 남겨야 한다는 생각에 서둘러 숙소를 향해 달렸지만, 사진을 찍겠다고 챙겨온 카메라와 휴대폰을 들고 얼마나 빨리 달려지겠나? 결국, 휴대폰은 꺼졌고, 로망이던 여행지에서의 첫 번째 달리기의 기록은 남지 않았다. 하지만 그럴싸한 사진은 남았다.

　지금도 그때 찍은 사진을 보면 어딘지 연출된 로망 같아 부끄럽지만, 그때의 열정과 즐거움만큼은 진짜였다는 걸 나는 안다. 그래서 그 후로는 여행지의 낯선 풍경 속을 달릴 수 있게 되었다. 비록 거북이처럼 느릿느릿하지만, 나의 로망은 다음으로 넘어가고 있다.

경주의 순간
― 경주박물관의 퍼스널 컬러는 5월 신록
: 국립경주박물관

박물관 바닥 타일도, 난간도, 기둥도 5월의 나뭇잎들과 잘 어울린다. 테라스 난간은 목이 긴 도자기 모양으로 구멍이 뚫려 있다. 5월의 오후엔 테라스 바닥에 도자기 모양 그대로 빛이 들어온다. 그것만으로도 예쁜데, 바로 앞 나무들의 색이 더해져 말을 잃게 된다. 가장 좋아하는 시선은 두 가지. 하나는 역사관 복도 끝 '사자가 새겨진 모서리 기둥'을 마주하며, 뒤로 반쯤 보이는 하늘과 양옆으로 버티고 있는 박물

관 기둥과 스무 살 같은 나뭇잎들을 바라보는 것. 또 하나는,
박물관 뒤뜰(옥외 전시)에 앉아 신록의 파마머리를 한 나무들
이 품고 있는 박물관을 바라보는 것이다. 내 맘대로 5월 19일
을 '경주박물관의 날'로 정했다. 그땐 박물관 2층 테라스 의자
에 앉아만 있어도, 뒤뜰에 주저앉아 박물관만 쳐다봐도 행복
할 것 같다.

나의 첫 첨성대, 첫 금영화

: 첨성대, 첨성대 꽃밭

들쭉날쭉 자유롭게 핀 반월성 들꽃에 잔뜩 반해 내려오던 길. "저 노란 꽃은 뭐야?"라는 친구의 물음에 대답하지 못했다. 나고 자란 시골에서, 보고 자란 나무, 꽃, 풀의 이름은 어지간히 알고 있지만 친구가 물어본 꽃은 처음 보는 꽃이었다. 반월성 앞을 노랗게 물들인 그것의 정체가 궁금해 찾아보니 '캘리포니아양귀비', 혹은 '금영화'란다. 보통 '양귀비' 하면 여리여리한 꽃대에 습자지 같은 얇은 빨간 꽃잎을 가져 바람이 불면 하늘하늘한 양귀비가 생각나는데, 캘리포니아양귀비는 그런 여리여리함이 없다. 통통한 줄기도, 조화같이 두꺼운 꽃잎도, 화사하고 쨍한 노란 색깔도 '캘리포니아'란 단어와 잘 어울렸다. 절정이 지난 듯 빨간색의 진함이 조금씩 바래고 있는 양귀비완 달리, 꽃잎을 반쯤 오므린 상태에서도 시절이 한창임이 느껴졌다. 가까이서 보니 퍽 예뻐, 지치지도 않고 사진을 찍으며 첨성대 쪽으로 걸어갔다. 첨성대 옆 꽃밭엔 모란은 지고, 야리야리한 낮 달맞이꽃과 우아한 작

약꽃이 만개했다.

몇 년 전 이맘때쯤, 엄마의 화단엔 처음 보는 분홍색 꽃이 피어 있었다. 이름을 물어보니 '달맞이꽃'이란다. 내가 아는 달맞이꽃 은 낮엔 꽃잎을 다물고 있다가, 해가 지면 활짝 피어나는 이름 그 대로, 달맞이하는 노란색 꽃인데.

"달맞이꽃? 그건 노랗고 키가 크잖아. 얜 왜 낮인데 피어있어?"

"낮에 핀다고 해서 낮 달맞이꽃이야."

'아, 낮 달맞이. 그럼, 달맞이가 아니라 해맞이 꽃이라고 해야 하 는 거 아닌가?'

그때 봤던 그 분홍색 꽃을 가리키며 친구도 나에게 이름을 물 어본다. 아는체하며 달맞이꽃이라 했더니 "야! 그건 노란 거 아니 야?" 나처럼 되묻는다.

"그치. 얜 낮에 핀다고 해서 낮 달맞이꽃이래."

'달맞이'란 이름과는 어울리지 않지만, 앞에 '낮'을 붙이면 고개가 끄덕여지는 꽃의 이름을 두고 한참을 조잘거렸다.

어려선 모란과 작약을 구분하지 못했다. 모란은 향기가 없고(모란도 향기가 있다), 작약은 있고. 모란은 나무고, 작약은 풀이고. 모란이 먼저 피고, 모란이 질 무렵 작약이 피고. 뭐, 대충 알겠지만 뭐랄까, 미국인인지 영국인인지 구별 못 하는 그런 느낌이랄까. 이젠 확실히 구별할 수 있는 작약꽃의 향기에 취해 있다가 첨성대를 쳐다봤다.

"어? 나 이렇게 가까이서 첨성대 보는 건 처음이야!"

"아닐걸. 수학여행 왔으면 봤을걸."

생각해 보니 첨성대 앞에서 사진을 찍었던 것 같기도 하고. 분명, 6학년 수학여행으로 경주에 왔었는데 도통 기억이 나질 않는다. (그래서 그때를 첫 경주라 부르지 않는다) 기억나는 거라곤, 오가는 버스 안에서 신명 나게 춤추며 놀았던 것밖에 없다. 첫 경주 여행에서도 멀리서 지나가기만 했지, 이렇게 가까이에서 보는 건 처음이었다. 그러니 이날 본 첨성대를 나의 첫 첨성대인 걸로 하겠다며 친구에게 선언했다. 뭔가 대단하고 엄청나게 큰 첨성대를 기대했지만, 아는 게 없어서 그런지 생각보다 작고 평범해 보였다. 분명 30년 전에도 봤을 텐데 기억 못 하는 걸 보니 그때도 그냥 그랬던 모양이다. 혹 15년쯤 뒤에 다시 보게 된다면, 나는 첨성대를 보며 또 그럴지도 모르겠다.

"나 첨성대 처음 봐!"

"아닐걸. 나랑 같이 봤을걸"이라고 말해주는 친구와 함께면 그도 나쁘지 않겠다.

그러기엔 첨성대 옆 모과나무도, 그곳에 서서 바라보는 계림과 인왕동 고분의 풍경도, 첨성대를 지나쳐 가야 하는 반월성도, 첨성대 주변으로 좋아진 것들이 너무 많다. 오며 가며 너무 많이 봐서 이젠 정들어 버린 첨성대. 정작, 첨성대를 제대로 본 적은 없으니, 다음번엔 돗자리라도 준비해 가서 '첨성대, 도대체 너는 무엇이었냐?'며 찬찬히 보고 와야겠다.

첨성대는 하늘을 관찰하기 위해 세워진 천문대로 알려졌지만, 제단이나 다른 건축물이었을 거란 이견도 제기되고 있습니다. 천문대라고 하기엔 너무 평지에 있는 데다, 관측하러 첨성대 위를 올라가기에도 쉽지 않았다는 이유에서죠. 요즘의 기상청 같은 역할보단 선덕여왕의 상징적 건물이나 종교적인 이유로 만들어졌을 거란 의견이지요. 어떤 방식으로 관측했는지에 대한 구체적인 기록은 남아 있지 않지만, 시간이 지나면서 점점 첨성대에서 천문을 관측한 횟수가 늘어났다는 기록으로 보아 천문대 역할을 한 것도 분명해 보입니다.

첨성대 꽃밭은 매년 심는 분의 마음에 따라 꽃의 종류가 달라지는 것 같아요. 올핸 뭐가 피어있으려나.

애정하고 애정하는 나의 반월성

: 반월성

  가슴이 뻐근해지게 아름답던 벚꽃 숲에 한참을 앉아 있었다. 깔고 앉을 게 없어 가방을 깔고 앉았다. 그때 물든 풀물은 지워지지 않아 아직도 가방에 그대로 남아 있다. 하얀 벚꽃 숲 사이, 버드나무의 무던한 초록색을 그림에 담고 싶었다. 몇 번을 해 봐도 보기 좋게 실패해서 이제는 눈으로만 실컷 담는다. 그곳에 앉아 있으면, 바람이 느껴질 때마다 입에선 "좋다"란 말이 붙어 나온다.

  느긋해진 봄의 해지만, 어느새 서쪽 지평선과 가까워져 있었다. 벚꽃 숲에 앉아 있다가 엉덩이를 털고 일어나 반월성 끝으로 걸어갔다. 마음에 이끌려 가보지 않았던 곳으로 발을 옮겼다.

  "뭐야. 도대체 여긴 안 이쁜 구석이 없어."

  혼자 중얼거리며 야트막한 반월성 끝에 올랐다. "하~!" 짧은 탄식이 나와버렸다. 저만치에 있는 친구들에게 빨리 오라고 손짓을 하면서도 이 기가 막힌 풍경에 너무 좋아 환장할 것 같았다. 때를 맞췄네. 아니, 때를 맞춰줬네.

만개한 벚꽃잎이 바람에 날린다. 하늘은 파랗고, 구름은 하얗고. 나무들은 저마다 다른 빛깔의 초록이었다. 어떤 나무는 연둣빛이고, 어떤 나무는 진한 풀색이다. 반월성 언덕에 들풀들은 좀 더 생기가 넘치는 초록빛이었고, 커다랗고 기다란 벚나무의 그림자가 드리운 곳은 좀 더 진해 보였다. 그 사이에 있는 오솔길은 아이의 뽀얀 얼굴색이었다.

바람이 불 때마다 벚꽃잎이 날리고, 그 꽃잎처럼 벌들은 춤을 췄다. 그 모습 그대로 그림자는 일렁이고 음악을 틀어놓은 듯 새소리가 들렸다. 뭐라고 설명하면 좋을까? 이곳의, 이 계절의, 이때의 아름다움을 어찌 그리면 좋을까. 알고 있는 미사여구를 죄

다 끌어다 쓰고 싶지만, 그러면 마음에 닿지 않고 느끼해져 버릴 것 같다.

나의 "좋다"에 영임이 "좋아"라고 답하고, 쫑이의 "너~무 좋다!"가 더해지면 이 이상의 표현을 할 수 없게 된다. 두 글자에 마음을 담아 써 본다.

"좋다!"

고마워

: 기버 스테이션(GIVER STATION)

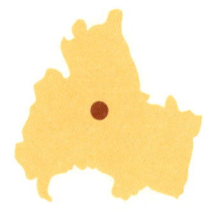

　얼마나 직관적인 이름인가. 꽃의 모양이 마치 쌀밥(이밥) 같다 하여 '이팝나무', '쌀나무'라 불리고, 전라도에서는 '밥태기꽃'이라 부르는 나무에 하얗게 꽃이 피었다. '와! 밥알을 흩뿌려 놨네~'라고 표현하기엔 좀 무거운 기분이 들어, 슈가파우더를 잔뜩 뿌려 놓은 것 같다고 생각했다. 길가에 죽 피어있어 붐빌 일도 없는 그 나무에 나는 또 반했다. 이렇게 쓰고 보니 마치 이팝나무꽃을 처음 본 사람 같지만, 그 꽃이 유명한 전주에도, 대전에도 살았었다. 좋아하면 모든 게 다 이뻐 보여 그런 것일 수도 있지만, 유달리 경주의 이팝나무꽃이 이쁘게 핀 건, 친구도 인정한 바다.

　경주로 '마음 요양'을 떠난 나를 보러 온다는 친구를 마중 가며, 일부러 이팝나무가 있는 길로 돌아서 갔다. 노서리에서 보잔 말만 하고는 어디 앞이라 정하질 않았더니, 수건돌리기 하듯 서로를 볼 수 없는 거리만큼 엇갈리며 그 주변을 맴돌고 있었다. 덕분에 고분들 사이에 소복하게 핀 보라색 등나무꽃도 보고, 데네브

(빵집) 쪽으로 노랗게 핀 꽃다지꽃도 실컷 구경했다. 결국, 전화를 걸어 어디냐 묻고, 만나자마자 나도 찍고, 친구도 찍은 꽃 사진을 서로에게 자랑하듯 보여줬다.

"근데, 나 배고파."

"너의 그런 단순명쾌한 말이 참 좋아. 내가 아침에 봐둔 기가 막힌 데가 있어. 무슨 주유소가 낭만이~ 낭만이~ 근데 정확히 뭘 파는지는 모르겠지만. 가볼래?"

"무조건이지. 가자!"

주유소엘 가자는데 망설임도 없이 '무조건'이라 답하는 그녀는 자동차인가? 자전거는 탈 줄 아냐고 물었더니 이 또한 흔쾌히 "당연하지!"라고 대답하는 쾌녀. 하지만 앱을 깔고 실행하고 결제하는 데엔 매우 서툰 그녀의 휴대폰에 어렵사리 타실라[3] 앱을 깔아주고, 신나게 자전거를 타고 이팝나무 그늘을 따라 달렸다. 양손으로 만세를 부르며 타던 때도 있었는데, 치우친 삶은 몸의 균형도 무너뜨렸는지 이젠 어렵다. 한 손만 번쩍 들고, 마치 누군가에게 인사하듯, 닿지도 않을 꽃을 잡아보려는 듯 손을 흔들었다.

옛 경주역을 지나 경주세무서 근처 삼거리 신호 앞에 멈췄다. "어때? 내 말 맞지?" 의기양양하게 물어보며, 삿대질하듯 가리킨 나의 손끝에, "이런 데는 또 어떻게 찾은 거야?"라며 답하는 친

---

3) 타실라는 경주시에서 운영하는 공유 자전거입니다. 평지와 좁은 골목길이 많은 경주에서 자전거만큼 매력적인 교통수단도 없지요. 가격도 1일(24시간 기준)에 1,000원으로 저렴합니다. 이름 센스도, 타실라를 타고 다니며 느낄 수 있는 재미도 테슬라급입니다. 자전거를 탈 줄 안다면 무조건입니다.

구의 시선 끝에는 기가 막히게 낭만적인 주유소가 있었다. 함박눈이 내린 듯 하얗게 꽃을 피운 두 그루의 이팝나무 사이로 보이는 하얀 주유소 건물. 건널목을 건너며 점점 가까워지는 그곳엔 'GIVER STATION'이라고 쓰여 있었다. 카페 아니면 음식점이겠거니 했는데, 미국식 피자집이었다. 밥태기꽃이 흐드러지게 핀 주유소에서 미국식 피자라니, 재밌는 조합이라 생각했다.

"거기 좀 서봐. 움직이지 말고!"

왜 자꾸 사진은 찍어준다고 난리인지. 마다하지 않고 시키는 대로 할 거지만, 너무 오냐오냐 다해주면 재미없으니까 이리저리 까불었다. 하지만 피차일반이라 나도 할 말은 없다. 아무래도 우린 서로의 웃긴 모습을 수집하려고 사진을 찍어주는 것 같다. 보내준 사진엔 정상적이거나, 실물보다 나은 사진은 거의 없다. 기어이 확대해서 서로의 표정을 놀리다 누가 더 웃기는지로 마무리된다.

한바탕 사진을 찍고 나니 주문한 피자가 나왔다. 기분 좀 내자며 밖에서 먹으려다가 삼거리를 지나는 차들이 내뿜는 매연도 같이 먹는 기분이라 2층으로 올라갔다. 바삭하면서 도톰한 도우에 토핑까지 푸짐하게 올라간 피자는 꽤 맛있었다. 거기에 귀여운 앞접시라든지, 제각각인 테이블과 의자라든지, 창밖으로 보이는 자전거 가게라든지, 무엇보다 주유소라는 장소와 이팝나무라는 낭만이 더해져 웃음이 헤퍼졌다.

나를 자꾸 먹이고, 또 먹이는 그녀. 잘 챙겨 먹어야 한다고, 커피라도 마시고 혼자만의 시간도 가지라고 할머니처럼 말해준다. 경주는 도착하자마자 밥풀 같은 꽃을 한가득 안겨주더니, 친구는 피자를 두 판이나 시켜 잔뜩 먹인다. 베풀어 준 순간들이 모여 움푹 팬 마음을 채워준 기버(GIVER)들. 덕분에 속도 마음도 든든해진다.

이팝나무꽃 피는 늦봄, 해거름에 야외 테이블에 앉아 맥주와 같이 먹으면 기가 막힐 것 같네요. 위치는 황리단길에서 꽤 떨어진 곳에 있습니다.

우엉 김밥과 봉황대 소풍

: 봉황대, 성동시장

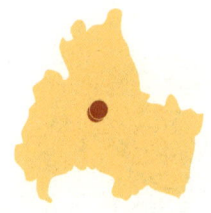

만나면 행복의 기준치가 낮아지는 우리. 경주역에서 성동시장까지 가는 내내 하늘이 너무 예쁘다며, 나무색이 어쩜 저러냐며, 학생들도 너무 풋풋하다며 별것도 아닌 거에 크게 행복했다. 아침을 챙겨 먹진 않지만, 성동시장 우엉 김밥이 맛있단 말에 꽂혀서 첫 일정은 '김밥 사기'로 정했다. 이른 시간인데 불이 환하게 켜져 있는 성동시장 분식 골목. 시장 안쪽에 있는 김밥집까지 가는 그 짧은 길에 유혹이 어찌나 많은지. 떡볶이, 떡, 튀김, 순대, 옥수수, 호박죽까지! 안 그래도 쉬운 인간들이라 죄 다 사 들고 갈 뻔했지만, 서로의 정신을 챙겨주며 김밥집 앞에 다다랐다. 비슷한 김밥집들. 그 앞으로 쥐포 볶음 같은 얇은 우엉조림이 고분처럼 쌓여 죽 늘어서 있다. 먹어보질 않아서 비교할 수 없으니 가장 유명한 곳으로 찾아가 "김밥 2줄이요~!"를 외쳤다. 조잘거리는 우리 입에 우엉조림을 넣어주시는 할머니. 그 맛에 또 정신없이 행복해졌다. 인심 후하게 깨를 잔뜩 부린 김밥을 받아 들고 나

가는데, 수많은 유혹을 다 뿌리쳤건만 찹쌀 도나쓰(도넛 아니죠. 설탕 뿌려야 제맛인 도나쓰 맞죠)의 유혹은 뿌리치질 못했다. 세 개만 사려는데, 사장님께 영업 당해 열 개나 사버렸다. 포장한 김밥과 도나쓰를 들고 봉황대로 향했다. 오랜만에 나들이라 피곤하다는 친구. 맥도날드에서라도 커피를 마시고 가겠다는 걸 김밥 먹고 맛있는 커피를 마셔야 한다며 말렸다. 대신 편의점 커피를 사서 가는 걸로 타협했다.

기다리던 소풍날처럼 흥이 나는 발걸음으로 봉황대 앞에 섰다.

여기서 먹는 거냐고 묻는 친구에게 손바닥만 한 돗자리를 꺼내
보이며 씨~익 웃었다. 같이 씨~익 웃어주는 마음의 식구. 엉덩이
두 개 얹으면 꽉 차는 손바닥만 한 돗자리를 펴고 봉황대 앞에 자
리를 잡았다. 날씨도 기가 막히게 좋았던 5월의 어느 날이었다.
봉황대에서 소풍이라니.

 별거 없어 보이던 김밥은 우엉조림과 기가 막히게 잘 어울렸다.
그렇게 자기주장이 없어서 자기주장이 강한 우엉조림을 받아들
일 수 있었다. 둘이 잘 섞이면, '계속 들어가는 맛, 커피와도 잘 어
울리는 맛, "두 줄 더 사 올 걸!"을 외치게 하는 맛'으로 바뀌게 된
다. 우엉 김밥을 먹으며 나는 '별거 없는 김밥' 같은 사람과 '자기
주장이 강한 우엉조림' 같은 사람 중 어느 쪽일까, 생각했다. '에
이~ 경우의 수가 너무 적다. 자기주장이 아주 조금 약한 우엉조
림과 아주 조금 별거 있는 김밥도 같이 먹으면 잘 어울릴 수 있는
거니까. 나는 어쩌면 자기주장이 강한듯하면서 별거 없는 사람일
수도 있고, 별거 있지만 자기주장도 있는 사람일 수도 있지' 말장
난 같은 생각에 혼자 키득거렸다. "왜~ 뭐~ 같이 웃어!"라는 친구
에게 "그냥, 너무 좋네"라며 이 사이에 깨가 잔뜩 낀 채 웃으며 얼
버무렸지만, 그 순간은 깨가 쏟아지게 행복한 맛이었다. 그 맛은
우엉 김밥만의 맛은 아니다. '경주라서, 봉황대라서, 날이 너무 좋
아서, 살짝 추워서, 뜨끈한 편의점 커피가 꽤 맛있어서'가 들어가
줘야 한다. 그리고 커피 한 잔을 나눠 마셔도 부담스럽지 않은 사

람과, 도나쓰에 붙은 설탕을 먹겠다고 개미가 오면 설탕을 내줄 줄 아는 사람과, '좋다'라고 말하면 '너무 좋아!'라고 답해 주는 사람과 함께라 좁디좁은 돗자리 위에 궁둥이를 붙이고 앉아 있어도 봉황대만큼 행복해질 수 있었다.

경주는 수학여행 이전에 소풍의 도시이기도 합니다. 여행 속 소풍을 즐기기에 경주만 한 도시는 없지요.

맨얼굴의 경주처럼 지금 우리도

: 황리단길, 반월성

　길고 길었던 연휴를 시댁과 친정에서 보내고 집으로 돌아왔을 때, '시간과 정신의 방'에서 돌아온 기분이 들었다. SNS에 올라오는 지인들의 여행 사진에 마음이 자꾸 모나고, 얼굴은 자꾸 못나지는 그런 '시간과 정신의 방'. 무작정 경주로 떠났다. 영임과 함께, 당일치기 짧은 여행이었다. 경주는 조급함에 종종거리는 내게 천천히 걸으며 시간을 들여 이 계절을 눈에 담게 해주었다.

　집에 가야 할 시간이 가까워져 터미널 쪽으로 향하던 길. 어느 집 낡은 담 위로 장미가 한창이었다. 마치 이 순간이 가장 화사하다는 듯, 진한 핑크색이 벽을 온통 뒤덮고 있었다. 나야 워낙 예전부터 그랬지만, 자연보단 도시를, 꽃보단 글자를 좋아하던 영임이 사진을 찍고 있는 걸 보며 "너도 이제 나이를 먹는구나~" 놀리듯 말했다. (그녀는 온종일 꽃과 나무와 하늘과 날 찍었다)

　언젠가 본 배우 문숙 님의 인터뷰 영상에서 그는 본인의 주름에 대해 "이 주름은 사실 잘 웃고, 땡볕 아래에서 잘 놀고, 잘 뛰어다니고 그래서 다 생긴 것들이거든요"라고 말하며 웃고 있었다. 잘 웃고, 잘 놀고, 잘 살면서 생긴 그녀의 주름은 아름다웠다. 나이를 잊고 살고 싶지만, 몸이 말해주듯 지난겨울 수술 이후 훅 늙어버린 나에 대해 고민이 많았다. 문숙 님의 말과 표정처럼 행복하게 웃고, 웃어서 행복하고, 소소하지만 자주 행복하다 보면 나도 잘 늙어갈 수 있지 않을까 생각했다.

장미꽃을 바라보며 사진을 찍고 있는 영임도 웃고 있다. 이 친구가 없었다면 나의 고3 생활은 엉망이었거나, 없었을지도 모른다. 살고 싶다는 생각도 살아야 하는 이유도 없었다. 학교에 안 갈 순 없어 멍하니 있다가, 엎드려 잠만 잤다. 깨어 있을 땐 교과서가 아닌 만화책만 주야장천 읽었다. 영임은 그런 내게 먼저 말을 걸어 주고 다가와 주었다. 함께 열심히 공부해서 좋은 대학에 갔다는 성장 드라마 같은 결말과는 달리, 같이 만화책을 돌려보고, 야자를 땡땡이치고, 오락실에 갔다가 실내화를 직직 끌고 병 콜라에 빨대를 꽂아 마시며 싸돌아 다녔다. 그렇게 함께 놀았고, 웃었고, 살아도 재밌겠단 생각에 살아냈다.

둘이 십여 년 만에 함께한 여행. 그때완 다르게 애들 얘기, 주식 얘기, 바닥을 치고 있다는 코인 얘기 그리고 내 집은 어딨냐는 얘기였지만, 우린 여전히 즐거웠고 행복했다. 깔깔거리고 웃으며 "너무 좋아!"를 남발하고 "나이 먹어서"가 접속사인 것처럼 내뱉었다. 첨성대 앞에선 꽃이 예뻤고, 오릉에선 나무가 아름다웠고,

반월성에선 하늘이 눈부셨다. 모났던 마음이 동글해졌다. 매 순간 계절 예찬이었지만, 그러면 좀 어떤가. 사는 건 퍽퍽하기 일쑤고, 웃을 일보다 무표정할 일들이 대부분인데. 급히 가는 이 아쉬운 계절을 마음으로 노래하며 즐기는 것도, 좋지 아니한가.

"행복해지자고~ 우리 행복해지자고~" 노래하듯 중얼거리는 마흔넷의 영임은 열아홉 살 때나 지금이나 사랑스러웠다. 꽃이 예쁜 걸 알게 되는 건 나의 예쁨이 덜해져서인가? 늘어나는 주름과 흰머리, 쳐지는 얼굴을 보고 있으면 젊음이 그립고 부럽다가도,

이제는 나의 예쁨 말고, 꽃이 예쁘고, 나무가 아름답고, 하늘이 눈부시다는 걸 아는 지금도 좋다.

　괜찮다고, 지금 이대로도 예쁘다고 경주와 우린 서로에게 말해주었다.

무심한 위로

아빠가 구강암일지도 모른다고 했다. 처음 들어보는 낯선 단어에 실감이 나지 않았다.

"죽 끓여 먹여야지. 먹는 거 좋아하는데 매운 거, 뜨거운 거, 짠 거 아무것도 먹지 말래. 니 아빠 불쌍해서 어쩌냐…"

울먹이는 엄마의 전화에도 멍할 뿐이었다. 장을 보던 중이라 계산하고 집으로 걸어가는데, 자전거를 타고 가던 사람이 나를 툭툭 치며 "저기 뭐 하나 흘리셨던데"라고 말했다. 되짚어 돌아가도 찾을 수 없어, 그냥 집으로 향했다.

"어쩔 수 없지, 나오는 대로, 되는대로 사는 거지. 걱정하지 마."

담담하게 말하는 아빠의 목소리에 목구멍이 자꾸만 뜨거워졌다.

계란찜을 한단 사람이 물도 넣지 않아 첫째 말에 의하면 '기름 없이 구운 계란말이 맛'이 나는 뻑뻑한 계란찜을 만들었다. 옆에 있던 둘째가 "괜찮아. 엄마 지금 정신없잖아. 그럴 수 있어"라며 내 등을 토닥였다.

40여 일 동안 껍질을 벗기듯, 아빠 몸속의 암들이 나타났다. 그 과정은 무너지고 다잡고의 반복이었다. 버스 창밖으로 계절의 색이 변해가도, 병에 대해 알아보느라, 병원 가는 버스가 어디만큼 왔는지 찾아보느라 휴대폰만 들여다보고 있었다. 봄은 피고 지는데, 마음은 따라가지 못했다.

이사하고 한 번도 와보지 않았던 딸의 집에서 며칠씩 머물고, 딸이 운전하는 건 불안하다고 몇 번씩 버스를 갈아타며 같이 병원에 다녔다. 한 달 동안 함께한 시간이 지난 일 년 동안 보냈던 시간보다 더 많았는데도, 부모님과 함께하는 매 순간이 아쉬웠다. 같이 병원에 다녀온 날이면, 칠십이 넘은 부모는 내게 전화를 걸어 몸살은 안 났냐고 물었다. 어른이 되어도 부모에게 자식은 어른이란 이름을 가진 아이일 뿐이었다.

마지막 검사가 끝나고 결과가 나오기까지 이 주 정도 시간이 걸린다는 말에 경주가 떠올랐다. '가는 게 맞나, 부모님과 함께 더 많은 시간을 보내야 하는 게 아닌가?'라며 고민하던 자식은 경주 가는 버스 안에 있었다. 고민해도 배는 고프고 잠은 쏟아졌다. 눈 떠보니 기와지붕의 주유소가 보였다. 버스 전광판에는 바깥 온도가 32도라고 나왔다. '4월인데? 이놈의 경주는 매번 이래.' 피식, 반가운 웃음이 났다.

노서리 그 자리에 앉았다. "죽진 않겠지?"란 아빠의 말이 떠올라 참았던 눈물을 한참을 쏟아냈다. 꺽꺽 소리 내 울어도 창피하

지 않았다. 괜찮냔 물음도, 다정한 손길도 없었다. 그저 무너진
마음을 놓아둘 자리만 내주었다. 무심하지만 그 무심함이 날 가
볍게 해줬다. 갑작스레 예고도 없이 찾아오는 일을 견디고 나아
가는 것이 삶이라면, 여행은 그런 삶 속에서 자신을 일으키게 해
주는 순간이었다. 툭 털고 일어나 걸어가는 길. 이팝나무에 꽃이
흐드러지게 피어있었다.

경주의 순간 – 마음만은 신록
: 오릉

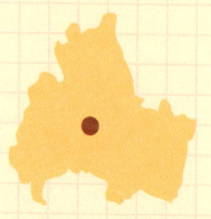

오릉에는 버드나무 솜털이 눈이 오듯 흩날리고, 무성하게 자란 풀들은 바람에 일렁였다. 참지 못하고 풀밭을 헤집고 뛰어다녔다. 살인진드기니 쯔쯔가무시니 운운하며 나를 나무라던 친구도 같이 풀밭으로 뛰어들었다. 청춘 영화의 한 장면 같길 바랐지만, 실상은 멀리서 봐도 가까이서 봐도 희극인 아줌마들의 철없는 몸짓이었다. 삐그덕거리는 관절로 최선을 다해 뛰는 그녀의 몸짓이 고장 난 양철 로봇 같아 실소를 금할 수가 없었다. 얼마나 좋은가, 점프 하나로 사람을 웃기고. 그에 질세라 부끄러움은 내 몫이 아닌 듯 친구의 모자를 뒤집어쓰고 병정 인형처럼 춤을 추며 뚝딱거렸다.

나를 보살피는 일

: 반월성

예전에, 애지중지 키우던 마오리소포라(식물 이름)가 시름시름 말라가도 이유를 몰랐다. 자세히 살피지 못하고 애꿎은 물만 계속 주었다. 이미 손 쓸 수 없을 만큼 상태가 나빠지고 나서야 '깍지벌레'라는 벌레가 보였다. 일찍 알았더라면, 후회해도 되돌릴 수는 없었다. 마오리소포라가 죽고 난 뒤, 집에 있는 식물들도 이 벌레 때문에 한 번씩 몸살을 앓았다. 별의별 방법을 다 써봐도 완전히 없어지지 않았다. 며칠 소홀하다 싶으면 어느새 생겨나 소문처럼 번졌다. 방법은 그저, 자주 살피고 보살피는 것뿐이었다.

내 마음속에도 그런 깍지벌레가 있다. 돌보지 않으면 어느새 커지고, 여기저기 퍼져서 감당하기 힘들어졌다. 약을 뿌린다고 될 일이 아니라, 하나하나 닦아내야 했다. 그러고 나면 식물들처럼 한바탕 몸살이 났다. 누구도 내 마음의 벌레를 대신 잡아줄 순 없었다. 어디가 안 좋냐고, 이상하다고, 아파 보인다고 말할 뿐이었다.

　몇 달을 돌보지 못해 감당할 수 없을 만큼 퍼진 마음속 깍지벌
레를 닦아내려고 '마음 요양'을 떠나왔다. 나에게 필요했던 건 나
를 보살피는 일이었다. 다른 사람의 괜찮음이 아닌 나의 괜찮음
이. 자신을 돌본다는 건 육아보다 더 힘든 일이 되어버렸지만, 그
건 나에 대한 무딘 마음 때문이었다. 나를 보살피는 건 거창하지
않다. 내가 가족을 위해 맛있는 밥을 짓고, 깨끗이 집을 치우고,

따뜻한 말을 건네고, 웃어주듯 나에게도 그렇게 대하는 것이다. 다만, '마음 요양'이란 거창한 이름을 붙여 떠나온 건, 혼자 있지 않으면 늘 나를 마지막에 놓기 때문이었다. 남들에겐 마음 몇 칸씩 잘도 내어주면서, 정작 날 위한 마음 한 칸 내기는 어려웠다. 나를 맨 앞에 세우려고, 온전히 나를 보살피고, 날 위한 마음을 내주기 위해서.

지나쳐 가려고 했다. 일찍 떠나기로 마음먹었으니, 지나치며 본 풍경으로 만족할 수도 있었다. 하지만 주저앉았다. 울컥하는 마음으로 반월성 숲에 앉아 나를 돌봤다. 다른 사람이 아닌 내가 궁금했던 그곳의 풍경을 나에게 보여주고, 바람이 지나가는 소리를 들려주었다. 낯선 인간의 등장을 경계하는지, 아니면 자기들끼리 안부를 주고받는지 새소리를 들으며 축축한 기분을 말리듯 햇볕을 쬈다.

좋아하는 카페에서 커피를 마시고, 노서리 그 자리에 앉아 하늘을 보고, 밤엔 혼자 나가 비빔밥을 먹었다. 신나게 페달을 굴러 낯선 골목을 누비고, 아침 일찍 혼자 산책했다. 날 위한 마음 한 칸에 좋아하는 것을 정성스레 담았다. 돌아가면 미루지 말아야지. 자주 살피고 돌봐줘야지. 가끔은 남이 아닌 나에게 들려주어야 한다. 아주 크게, 그러나 분명하게.

듣는 사람도 없으니 마음껏 외쳤다.

"사랑해!!"

2부

희, 로, 애, 락, 여름

summer

아득한 세월을 품고도, 그 시간이 무색하게 울창한 진평왕릉의 고목 밑 의
자에 셋이 나란히 앉았다. 짓궂게 놀려도 웃어주는 아이들. 장난치며 웃고
떠들어도 매미는 상관없이 울어대던 그날은 내게 청량한 여름빛으로 남았
다. 내 아이들에게도 외롭지 않게, 다음 계절로 이끌어 주는 기억이 되기를
바랐다.

작고 오래되고 시원한 천국

: 경주중앙도서관

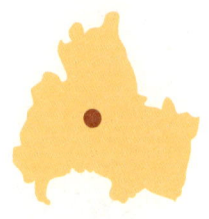

더울 거라 예상은 했지만, 버스에서 내리자마자 들숨에 콧속을 타고 들어오는 열기가 흡사 건식 사우나 같았다. 아무리 남쪽이라곤 하지만 37도라니. (이제 37도는 평년 온도가 된 듯) 한여름이 갖는 에너지를 온몸으로 받아내는 기분이었다. 숨이 턱턱 막히는 더위에 우린 말없이 서로를 쳐다보며 웃기만 했다. 서로의 눈빛엔 '우리 왜 여기 있는 거야?'라고 묻는 듯했다.

"점심 뭐 먹고 싶어?"

"음… 햄버거?"

고작 햄버거냐고 타박했지만, 애들에겐 선택지가 없었던 여행이니 첫 끼는 햄버거에 양보하기로 했다. 햄버거를 다 먹고도, 콜라의 얼음까지 씹어먹으며 세월아~ 네월아~ 사람들이 드나들 때마다 훅훅 들어오는 열기에 나갈 엄두가 나질 않았다. 사실, 그냥 앉아서 각자 하고 싶은 거 하며 보내다가 숙소로 돌아가 쉬고 싶은 마음이 더 컸지만, 그럴 거였으면 그냥 집에 있지 싶은 생각에 마음을 다잡았다. '지옥의 문'이라도 여는 듯 비장하게 듯 문을 열고, 늘 그렇듯 경주 여행의 시작인 노서리 고분군으로 향했다. 10미터쯤 걸었으려나? 이런 날씨에 돌아다니다간 시작도 하기 전에 더위 먹고 병원에 가거나, 셋이 대차게 싸워서 집에 가거나 둘 중 하나겠다. 중증 수족냉증 인간이라 더위를 잘 견디는 편임에도, 경주의 더위는 살면서 처음 겪어보는 뜨거움이었다. 그러다 눈에 띈 경주중앙도서관. 본능적으로 아이들을 데리고 도서관으로 향했다.

단층 건물에 기와지붕, 지붕 가운데에 뾰족하게 우뚝 솟은 석탑 모형이라니. 경주는 도서관도 경주스럽다. 문을 열고 들어가니 시원한 냉기 속엔 요즘 도서관에서는 느낄 수 없는 오래된 책방 냄새가 났다. 세련됨이라고는 찾아볼 수 없는 내부는 예전 학교 도서관처럼 작고 오래되었다.

"와~ 여기가 천국이네."

진심에서 터져 나온 아이의 한마디. 얼마 걷지도 않았는데, 모자까지 흠뻑 젖은 아이의 얼굴에 미소가 보였다. 작고 오래되고 시원한 천국. 우린 그 천국이 문을 닫을 때까지 각자 읽고 싶은 책을 골라 자기만의 시간을 보내기로 했다. 나는 안녕달의 『눈, 물』이란 책을 꺼내 들었다. 전에 읽었던 동화들과 결이 같을 거로 생각했는데, 읽는 내내 마음이 아파서, 슬프고 서러워서 울고 싶었다. 눈물이 그렁그렁 맺혀 지금 이렇게 아이들과 함께 할 수

있음에 감사했는데. 그 감사함도 잠시. 책을 읽겠다는 건지, 책을 찾겠다는 건지 궁둥이 못 붙이고 그놈의 '히가시노 게이고'와 '고양이' 책을 찾느라 허송세월하고 있는 이베슈(둘째)에게 음소거로 잔소리를 퍼부었다. 엄마가 그러거나 말거나 본인 마음에 차는 책을 찾기 바쁜 아이. 반면, 좋아하는 책이 있으면 금방 빠져드는 율(첫째)인 맘에 드는 책을 골랐는지 진득하게 앉아 책을 읽고 있었다. 낯설고 말없이 소란스러웠던 시간도 잠시. 우린 작고 오래되고 시원한 천국에서 각자의 고요에 빠져들었다. 얼마 안 있었던 것 같은데, 시간을 보니 5시가 넘었다. 몰입한 고요를 깨고 이 작은 천국을 나서야 할 시간.

"나 다 못 읽었는데. 내일 와서 읽으면 안 돼? 이건 빌려 가고 싶은데."

"그래, 내일 와서 마저 읽고, 그건 빌려 가자."

무거워서 읽을 책을 가지고 오지 않은 터라 잘됐다 싶어 대출하려는데, 회원 번호가 있어야 했다. 회원가입까지는 어찌어찌했는데, 주소지가 경주가 아니라 복잡했다. 결국 우린 책을 빌리지도 못했고, 다음날 다시 가지도 못했다.

나중에 알게 됐지만, 경주중앙도서관은 경주시민, 경주시에 있는 직장에 재직 또는 학교에 재학 중인 사람만 대출할 수 있다고 한다. 도서관으로선 책을 깜박하고 반납하지 않아 연체되거나 분실되는 것에 대비해서 그럴 수 있지만, 이런 부분은 개선됐으면 좋겠다. 방학 동안만이라도 여행자가 책을 빌릴 수 있도록 따로 회원가입을 하거나, 일정 금액 보증금을 내고 반납 시 되돌려 주는 방식 등으로 운영하면 어떨지.

경주중앙도서관에는 '소리내서 읽기 금지!'라고 빨간색 글씨로 작게 붙어 있어요. 어쩐지 소리 내며 읽는 모습들을 상상하니 귀엽네요. 유명한 여행지도 좋겠지만, 여행이니까 올 일이 없는 작은 도서관에 가보는 것도 꽤 괜찮은 일입니다.

이름을 붙였더니 마음도 붙어

: 황리단길, 대릉원

이번 여행의 동행자 중엔 진정한 애묘인이 있다. 고양이만 보면 걸음을 멈추고, 고양이가 다가오기라도 하면 행복해서 몇 시간이고 쓰다듬고 궁둥이를 두들겨 준다. 어딜 가든 고양이를 찾는 사람. "어디 가고 싶어?"라는 질문에 그녀는 늘 일관되게 말한다. "고양이가 있는 곳!"

경주에 도착해서도 "아, 여긴 고양이가 있을 것 같은데", "엄마, 고양이 밥그릇이 있어", "아무리 봐도 여긴 고양이가 살만한 곳인데" 등등 매 순간 고양이 타령이었다. 그녀의 간절함이 하늘에 닿았나? 드디어 황리단길에서 고양이를 만났다. 문 닫은 카페 야외 자리에 앉아 있던 고양이 세 마리. 두 마리는 우릴 보자마자 우다다 도망가고, 한 마리는 별 관심 없다는 듯 앉아 있었다. 가까이 다가가도 도망치지 않는 고양이를 보며 애묘인은 "경주 최고!"를 외쳤다. (그녀에겐 언제나 고양이가 있는 곳이 최고의 여행지였다)

여행이든 산책이든 어딜 갈 때면 늘 가방에 고양이 간식을 챙겨

다니는데, 이번엔 짐이 무겁다고 아무것도 챙겨오질 않았다. 환심을 사려면 뭐라도 있어야 하는데. 우린 휴대폰으로 사진만 찍고, 멀뚱멀뚱 쳐다보며 귀엽다고 꺅꺅거리는, 빈손에 소리만 요란한 인간들이었다. 그러다 번뜩 생각이 났는지 풀밭에 있던 강아지풀을 꺾어 흔들기 시작하는 애묘인. 그렇지, 마음을 사려면 그 정도는 해야지. 강아지풀로 고양이와 놀아주는 그녀. 전직 고양이 집사로서 놀아주는 폼이 영~ 마음에 차진 않지만, 우선 지켜보기로 했다. 어설픈 손놀림에도 격하게 반응해 주는 착한 고양이. 그런데 자세히 보니 참 특이하게 생겼다. 미간이 상당히 넓어서 어딘지 맹하면서도 귀엽네. 보고 있자니 영화 아바타 속 캐릭터들이 생각났다.

"얘 어딘지 아바타에 나오는 캐릭터들 닮지 않았어?"

"아! 나 뭔지 알 것 같아!"

"닮았어! 닮았어!"

"이제부터 너의 이름을 아바타로 명하노라~"

그렇게 그 녀석의 이름을 우리 멋대로 '아바타'로 정했다. 그 순간부터 그 고양이는 '어떤 고양이'가 아닌 '아바타'가 되었다. 누가 누구랑 놀아주는 건지. 한참을 아바타랑 노느라 여기저기 모기에 뜯겨도 갈 생각이 없는 그녀들. 게스트하우스 통금시간을 핑계로 겨우 그곳을 벗어날 수 있었다.

"잘 있어~ 또 보자! 건강해! 내일 봐."

아바타에게 인사만 수십 번은 한 듯. 첨성대에서 다시 숙소로 돌아갈 때도 아바타를 보러 가자고 하는걸, 그랬다간 정말 숙소에 못 들어갈 것 같아 대릉원 돌담길 쪽으로 돌아갔다.

며칠 후, 여기저기 돌아다니다가 목욕탕까지 다녀와서는 더 이상 나갈 힘이 남아 있지 않다며 엄마 혼자 나갔다가 오라는 아이들. 신나서 반월성으로 가려고 대릉원을 가로질러 가는데, 익숙한 고양이 한 마리가 보였다.

"아바타?"

"니야야야옹~"

"너 여기서 뭐 해?"

쭈그려 앉은 내 다리에 머리를 부딪히며 친근함을 표시하는 아바타. 머리를 쓰다듬으니, 엔진소리가 들린다.

"그릉그릉그릉그릉."

"아바타 너 왜 여기 있어? 여기도 네 영역이야? 아바타! 너는 왜

이렇게 못생겼는데 귀엽냐? 밥은 먹고 다녀? 아바타! 너 진짜 아
바타같이 생겼어."

아바타가 꼭 내 고양이인 듯 쓰다듬고 두들기며 수다를 떨었다.
이번엔 내가 아바타에게 발이 묶여 해지는 반월성을 보려 했는
데, 달이 뜬 반월성을 보고 왔다.

그 후로도 몇 번, 아바타를 만났다. 카페 안에 있을 때도 있었고,
대릉원 잔디밭에 누워 자고 있을 때도 있었다. 그 녀석의 진짜 이
름이 무엇인지는 모른다. 우리에겐 그저 '아바타'였다. 뻔뻔한 건
지, 바본 건지 "아바타!" 하고 부르면 쳐다보며 대답을 해준다. 경
주에서 수많은 고양이를 만났지만, 이렇게 이름을 붙여준 고양이
는 아바타가 유일하다. 그래서인지 처음 녀석을 봤던 황리단길을
지나가거나, 대릉원 안을 지날 때면 두리번거리게 된다. 여전히
잘 지내고 있으면 그게 그렇게 반갑고 좋을 수가 없다. 혼자 경주
에 다녀오면 아이들은 묻곤 한다.

"아바타는 잘 있어?"

이름을 붙였더니 마음도 붙었다.

이 글을 쓸 당시에도 아바타의 이름을 몰랐지만, 얼마 전, 진짜 이름
이 '조나단'이라는 걸 알게 되었어요. 그래도 여전히 우리에겐 '아바
타'지만. 우리 말고도 '아바타'라고 부르는 분을 만난 이야기는 이 책
'경주의 공간 – 소소밀밀' 편에 실어두었습니다.

경주의 순간 - 자귀나무가 있었지

: 봉황대와 노서리 고분군 사이

자귀나무꽃만 보면 엄마 생각이 난다. 농사짓느라 바쁜 와중에도 자귀나무꽃이 피면 작은 항아리에 한 아름 꽂아 방에 두던 엄마. 7월도 거의 다 지나갈 무렵, 아직 남아 비단실을 펼쳐놓은 듯 분홍의 수술이 반짝반짝 잘도 이쁘던 고운 자귀나무꽃에 어김없이 엄마 생각이 났다.

기억을 위한 기록

: 커피플레이스

카메라를 넣다 뺐다 하기 귀찮아서 보통 손에 들고 다니거나 어깨에 메고 다닌다. 전문적으로 사진을 찍는 분들의 멋진 카메라에 비하면 한없이 작고 초라하지만, 내겐 더없이 소중한 내 카메라. 너무 소중히 아끼면 사진을 찍을 수가 없다는 말도 안 되는 지론으로 막 다뤘더니, 바디에 고무 커버가 떨어질락 말락 한다. 살면서 가지고 싶단 욕심이 생긴 건 카메라가 처음이었다. 월급으로 첫 디지털카메라를 사던 날, 오래된 필름 카메라를 중고 거래로 받아오던 날은 지금도 기억 속에 선명하다. 가장 오래 좋아하고 있는 일. 가장 질리지 않고 꾸준히 하고 있는 일. 그게 바로 사진이다. 동네 마실이나 산책이 아니면 늘 카메라를 들고 다닌다. 그러다 보니 뷰파인더를 보듯 사물이나 풍경을 보는 버릇이 생겼다. 사진을 찍는 것처럼 시간의 흐름을 찰칵찰칵 장면으로 기억한다. 그래서인지 장소나 공간에 대한 기억력은 좋은 편이다. 대신 말에 대한 기억은…. 아! 사람도 잘 찍지 않아서 사람 얼굴도 잘 기억하지 못한다. 그래서 '영상을 찍어 볼까?' 생각도 했었다. 그러면 시간의 흐름을 영상으로 기억하지 않을까 해서. 하지만 새로움보단 익숙함에 져버려 금세 포기했다.

덥다. 감기 기운에 쑤시던 몸과 머리는 반월성의 바람으로 치유하고 아무도 없던 대릉원 포토존의 기를 받았더니 땀이 났다. 이럴 땐 가줘야지. 단골 커피가게(커피플레이스). 오늘도 북적거리는 그곳에서 모르는 사람들 사이에 끼어 앉아 시원한 '오늘의 커피'와 '직원용 라떼'를 주문했다. 모르는 사람들 사이에선 혼자 있어도 괜찮다. 동네 아저씨들이 그득한 식당에서 따가운 시선을 받으며 혼자 밥을 먹는 것쯤은 아무렇지 않다. 혼자 여행을 가고, 혼

자 고기를 구워 먹고, 혼자 머리도 자른다. 칼국숫집에서 고민될 땐 콩국수와 칼국수를 둘 다 시켜 혼자 먹어도 부끄럽지 않다. 이날도 혼자 커피 두 잔을 시켜놓고 앉아 시선은 패드를 향했지만, 옆 사람들이 나누는 이야기에 귀와 머리는 자연스레 그쪽으로 향했다. 사는 건 다 비슷해서, 나만 그런 게 아니라서 사람들의 그런 얘기들이 위안이 된다. 그래도 좀 더 나은 인간이 되고 싶단 생각을 하며 혼자 웃었다.

되게 평범하고 실없는 사람이라 누가 쳐다보는 일이 거의 없는데, 자꾸 누군가 쳐다보는 시선이 느껴졌다. 그러다 어떤 여자분이 나에게 저벅저벅 걸어오는 게 느껴졌다.

"저기…."

"네?"

그렇게 시작된 대화. 지금과 똑같은 복장을 한 나를 향해(카페)에서 봤다고 했다. 그때도 지금도 사진을 찍고 있는 내가 뭐 하는 사람인지 궁금하다고 했다. 내가 뭘 하는 사람인지 궁금해 말을 걸어 준 사람은 처음이었다. 그 뒤로 이런저런 얘기를 나눴지만,

영상을 캡처한 듯, 그
날의 카페, 그 순간
만 사진처럼 또렷할
뿐. 무슨 내용이었는
지 잘 기억나지 않는
다. 하지만 그 궁금함
이 감사했다. 아무것
도 모르는 상태로, 내
가 찍은 사진을 본 것
도 아닌데 궁금해한다는 것에. 뭐랄까? 볼품없지만 사진을 찍을
때만큼은 반짝반짝 빛나는 내 카메라를 알아봐 준 느낌이랄까?
자주 가는 그 카페에서 우연히 마주치게 된다면 꼭 고맙단 인사
를 하고 싶었는데, 안타깝게도 얼굴이 기억나질 않는다. 그래서
이젠 사람도 좀 찍어 보려 한다. 기억해 두려는 마음으로. 한 가
지 더. 적어두지 않아도 기억날 것 같던 생각은 돌아서는 순간 까
맣게 어두워진다. 그건, 사진을 찍어놔도 마찬가지다. 그러니, 사
진과 함께 단어라도, 짧은 문장이라도 남겨 둬야겠다.

　사진은 내게, 말로는 기억나지 않지만, 장면으로는 기억하는 것
들을 남겨준다. 내가 지나온 시간을 내 방식으로 남겨주는 사진,
이젠 그것에 사람과 글을 더하고 싶다.

계절로 이끌어 주는 기억

: 진평왕릉

아무도 없는 진평왕릉의 짙은 여름은 사진엔 담기질 않았다. 이렇게나 여름이 아름다운 곳에 사람 한 명 없다니. 소박한 비석 하나뿐이지만, 능을 둘러싸고 있는 고목들의 기품은 대릉원의 벚나무 못지않다. 천천히 능 주위를 한 바퀴 돌아 남쪽을 보고 섰다. 탁 트인 들판 저 멀리 남산도, 낭산도 보인다. 사방천지 초록이 무성한데, 과하지 않았다. 더워서 땀은 주룩 흐르고, 하늘은 흐리멍덩한데, 카메라 속 아이들은 그곳을 배경 삼아 청량하기만 했다. 하지만, 나만 그렇게 느낄 뿐. 아이들은 그런 초록의 청량함 따윈 안중에 없다. 그저 자기들처럼 펄쩍 뛰어다니는 방아깨비에 정신이 팔려, 같이 펄쩍 뛰어다닐 뿐이었다. 잡지도 못해 엄마만 애타게 부를 걸 왜 그리 찾아다니는지. 작은 방아깨비 한 마리를 잡아 건네니, 소리를 지르면서도 기대에 가득 찬 얼굴로 웃고 있다.

"얘 이름이 왜 방아깨비인 줄 알아? 이렇게 다리를 잡으면 방아~방아~ 하며 방아 찧는 것 같다고 해서 방아깨비야. 그렇게 머리를 막 잡으면 죽을 수 있으니까, 이렇게 다리를 잡아.”

어릴 적 엄마가 들려줬던 이야기를 아이에게 들려준다. 수십, 수백 년 전, 이 여름 들판에서 방아깨비를 잡으며 뛰놀던 아이들이 들었을 이야기도 별반 다르지 않을 것 같다.

어쩐 일로 벌레라면 기겁하는 이베슈가 용감히도 방아깨비를 잡고 있다. 언니 어깨에 올리면 펄쩍 뛰며 도망가는 모습을 기대했건만, 율인 그저 가소롭다는 듯 웃기만 한다. 기대와 다른 반응에 왜 안 놀라냐며 투정 부리다 같이 웃어버린다. 그 웃음소리가 왜 그리 듣기 좋은지, 두 녀석을 번갈아 가며 꼭 끌어안았다.

내가 다섯 살쯤이었나? 아빠가 목마를 태워 줄 만큼 어렸던 것 같다. 수박밭을 지키려 원두막에서 잠을 자야 하는 엄마 아빠를 따라나섰다. 양손으로 엄마 아빠 손을 잡고 내달리면 두 발이 공중에 붕 떴다. 그러다 하늘을 올려다보면 별이 쏟아질 듯 박혀있었다. 똘망진 작은 눈에도 별똥별이 보였다. 몇 개고 떨어지는 별똥별을 세다가, 잠이 오면 원두막에 쳐 놓은 모기장 안으로 들어갔다. 풀벌레 소리, 모기향 냄새에 파묻혀 엄마 아빠 사이에서 잠이 들었다. 그러다 추우면 엄마 바지 속으로 발을 쏙 집어넣었다. 여름 밤하늘을 보고 있으면 그때가 떠오른다.

또 언젠가는 엄마, 아빠와 트럭을 타고 솥단지와 이불을 이고지고 동해안으로 피서를 갔었다. 여름이 한창이던 때는 바빠서 못 가고, 여름 끝자락이었다. 이름도 기억나지 않는 어느 바닷가,

해가 넘어가고 있던 그곳에서 아빠와 나는 개헤엄을 치고 놀았고, 엄마는 모래사장에 앉아 우릴 쳐다보며 웃고 있었다. 텐트 대신 근처 민박집을 빌려 잠을 잤다. 바닷가와 도로 하나 사이에 두고 있던 민박집과, 소나무가 죽 늘어서 있던 해가 지던 그 바닷가는 아직도 기억난다. 살면서 그런 기억들은 나의 마음을 외롭지 않게 해주었다. 어디에 있든, 문득 떠오르는 그들과 함께한 계절의 장면은 나를 다음 계절로 이끌어 주었다.

아득한 세월을 품고도, 그 시간이 무색하게 울창한 진평왕릉의 고목 밑 의자에 셋이 나란히 앉았다. 짓궂게 놀려도 웃어주는 아이들. 장난치며 웃고 떠들어도 매미는 상관없이 울어대던 그날은 내게 청량한 여름빛으로 남았다. 내 아이들에게도 외롭지 않게, 다음 계절로 이끌어 주는 기억이 되기를 바랐다.

누군가 이삭이 누룽해지는 가을의 해 질 녘, 진평왕릉에 가보라고 얘기해줬습니다. 다녀와 본 사람이라면 그 말뜻을 알아차릴 듯. 들판의 벼들이 누렇게 익어 가는 가을. 서쪽 하늘이 붉어지면 낭산과 남산자락은 더욱 어둑해지며 그 능선의 자태가 선명히 드러나고, 붉은빛에 누룽한 이삭은 빛이 날 테지요. 그 풍경은 가본 사람만이 누릴 수 있는 경주의 아름다움일 테고요.

경주의 순간 – 동심으로

: 솔거미술관 옆 아평지

솔거미술관에서 나와 아평지를 한 바퀴 둘러보려고 돌아가는 길. 커다란 뽕나무에 그네가 매달려 있다. 어릴 적 그네 타던 실력으로 굴러본다. 그네 타본 게 언제더라? 기억나지 않지만, 몸으로 익힌 것들은 금방 살아난다. 서서 타지 않아도 높이 높이 올라가는 그네. 한번 왔다 갔다 할 때마다 마음이 한 살씩 어려져 열 살의 나로 돌아갔다. 그네 하나에 이렇게 행복해질 수도 있네.

여름이었다

: 계림

　교촌마을에서 나와 첨성대 쪽으로 걸어가는데, 계림에 맥문동 꽃이 활짝 피어있었다. 그 와중에 사진을 찍고 한참을 쳐다보는 나에게 계림 안쪽으로 돌아가자며 웃는 아이. 그 웃음에 발이 계림 안으로 향하는 나란 엄마는 철들긴 멀어 보인다. 동생은 아프고, 철없는 엄마는 정신이 없으니, 짐도 들어주고 옆에서 계속 동생을 챙기며 걷는 율. 착하지만 이기적인 첫째라고 생각했는데, 아이는 내 생각보다 훨씬 더 단단하고, 다정하게 자라고 있었다. 언니의 살뜰함 때문인지, 약발 때문인지 아까보단 좀 나아진 이베슈. 유난히 사이가 좋았던 그때, 시키지도 않았는데, "사진 찍어 줘" 하며 둘이 나란히 뒤돌아섰다. 작년까지만 해도 율이가 훨씬 컸는데, 욕심 많은 이베슈가 부지런히 컸는지 어느새 둘의 키가 같아졌다. "내년엔 둘 다 나보다 더 커라!" 하며 사진을 찍었다.

　8월의 계림. 바닥엔 보라색 카펫이 깔린 듯 피어있는 맥문동꽃과 세월을 품은 나무들이 어우러져 신비한 매력을 뿜어낸다. 풍경에 취한 내가 한심하고 미안한데, 아이들은 그곳에서 웃음을 더해 내 마음을 가볍게 해준다. 여름날 계림에 핀 맥문동꽃 같은 아이들의 웃음이 귀하고 고마웠다.

맥문동꽃이 만발한 8월의 계림은 이른 아침 산책 삼아 가보시길 바라요. 울창한 나무들 사이로 들이치는 아침햇살이 보라색 맥문동꽃을 비출 때, 아무도 없는 고요한 계림은 어딘지 다른 세상 같아집니다.

관광지에서 조금 떨어져 있지만 황성공원도 맥문동꽃으로 유명합니다. 맥문동뿐만 아니라 멋스러운 소나무와 수백 년 수령의 나무들 어우러져 울창한 숲을 이루고 있습니다. 관광지에서 떨어져 있지만 한 번쯤 가볼 만한 곳입니다.

경주읍성에서 만난 어르신

: 경주읍성

　마지막 날이니 산책이라도 가자며 아이들을 데리고 나왔다. 아까 들어오면서 봤던 경주읍성으로 걸어가는 밤. 절정을 치닫던 여름의 바람 끝이 묘하게 시원해졌다. 읍성 안으론 조용한 주택가가 있었다. 너무 늦지 않은 시간이라면 해가 진 여름밤에 산책하기 좋아 보였다. 성곽 위로도 걸을 수 있어 올라가 보니 읍성을 통과하는 문 바로 위엔 정자가 있었다. 바람길인 듯 시원한 그곳엔 동네 어르신들이 모여계셨다. 누구와도 스스럼이 없는 율이는 반들반들 시원한 바닥에 벌러덩 드러누워 여름밤 즐겼다. 시작이 어렵지, 일단 누군가 시작하면 따라 하긴 쉽다. 나도 이베슈도 같이 드러누웠다. 널찍한 정자 바닥에 셋이 누워서 바람을 쐬고 있으니, 어르신들께서 궁금한 게 많은지 호구조사를 하신다. 어디서 왔냐, 무슨 사이냐, 몇 살이냐, 어디서 묵냐, 어디 가봤냐, 아들은 없냐, 아빤 어디 갔냐 등등. 쫑알쫑알 답하는 아이들을 쓰다듬으며 연신 "이쁘다 ~이뻐~" 해주셨다. 둘째가 아파서 하루 더 머

물고 있단 말에 "아이고~ 일찍 알았으면 우리 집에서 재워줄 건데"라며 안타까워하신다. 별일이 별일 아닌 것처럼 일어나고, 누군가의 호의를 늘 조심하라고 말해야 하는 각박한 세상에서 어르신의 그 한마디에 마음이 무장해제 되는 기분이었다.

생판 모르는 남에게도 이렇게 따뜻한 마음을 가지는데, 나는 왜 가장 가까운 사람에게 그러지 못했을까. 내가 느꼈을 감정을 그도 느꼈을 테니, 너무 미워하지 말고 너무 서운해하지 말고 내가 처음 가졌던 그 마음 그대로 그를 바라보자고 마음먹었다. 한참을 어르신들과 수다를 떨며, 허울은 배낭여행이지만 실상은 가출여행이었던 경주에서의 마지막 밤이 지나간다.

> 여름밤의 경주 읍성의 야경은 동궁과 월지, 월정교하고는 다른 매력이 있습니다. 바람이 솔솔 부는 시원한 정자 바닥에 누워 경주의 여름을 즐겨보세요.

내 마음 가는 곳을 향해,
떠나는 항해

: 향해

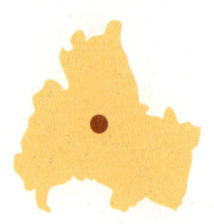

향해 : 향하다, 나아가다, 길 잡다, 마음을 기울이다.

집과 창문 같기도 하고 내 엄지손톱 같기도 한 간판의 작은 커피가게. 겉만 봐서는 뭘 하는지 알 수 없는 미스터리한 가게 같다. 자세히 보아야 그곳이 카페인 줄 안다. 어느 것 하나 모나지 않고 자연스럽게 스며들어 있어서 좋았다. 출입문 옆에 놓여 있는 입간판도 벽에 칠해진 페인트 색과 크게 다르지 않아 지나치기 일쑤겠다. 황리단길을 조금만 벗어나도 삶이 있는 경주를 만날 수 있다. 높은 건물이 없는 동네. 옛 경주역이 있던 곳을 지나 신나게 타실라를 타고 가는 길. 방앗간도 작은 슈퍼도 정겹네. 이쯤인가? 싶은 곳에 '향해'가 있었다.

항해와 자꾸 헷갈렸다. '향해 나가는 항해'라고 혼자 중얼거리며 카페 앞 작은 공간에 자전거를 세우고 들어갔다. 모나지 않은 카페에 들어서면 역시나 모나지 않은 채도 낮은 빨간색의 테이블이

눈에 들어온다. 테이블마다 귀여운 색깔의 펜코 정리함에 연필과 메모지, 그리고 '항해 이용안내서'가 들어있다. 왠지 앉아서 시험을 봐야 할 것 같은 책상 위엔 물과 컵이, 궁둥이를 붙이고 앉아야 할 의자엔 화분이 놓여 있었다. 이곳의 식물들은 사랑을 담뿍 받는지 건강해 보였다. 주문하는 곳은 단차가 있는 걸로 봐서 예전 가게 안에 있던 방이 아니었을까? 손님이 있을 공간과 주인장들이 있어야 할 공간이 분리되어 있어 서로 의식하지 않아도 되는 게 좋았다. 신나게 달려온 터라 아이스아메리카노를 주문하고 유혹에 쉬운 인간인지라 프레첼을 주문했다.

'마음을 기울여 어디론가로 나아가는 길목에 잠시 에너지를 충전하여 가시면 참으로 좋을 것 같습니다'라고 쓰여있는 종이. 나는 어디로 마음을 기울이고 나아가고 있을까? 잠시 에너지가 충전되는 공간인 건 맞는 거 같다며 고개를 끄덕거렸다. 제주 바닷가를 컵 받침으로 내려놓을 때 배실 웃게 된다. 나는 지금 이곳을 여행 중이지만 바다가 보고 싶어지는 컵 받침이었다. 커피는 참 맛있었다. 프레첼은 내가 아는 그 프레첼과는 거리가 멀고 소금빵과 가까운 맛이었다. 맛이 없는 게 아니라 정체성이 모호했다. 어쩌면 내가 아는 맛이 틀린 걸 수도 있겠지. 중요한 건 맛있게 먹었다는 것.

'벽에 생긴 연필 자국에도 무심해질 수 있는 건 좋은 건가? 좋지 아니한 건가?'

반듯하게 깎아놓은 연필심이 벽에 닿아 생긴 자국을 보며 생각했다. 바닥에 뚝뚝 떨어져 있는 연두색 페인트 자국이 꼭 툭툭 떨어진 여린 나뭇잎 같았다. 노란색이나 말간 빨간색이었다면 곱게 여문 낙엽 같았으려나? 그렇게 둘러보다 눈에 띈 사진 한 장. 분명 봄을 보내고 온 6월인데, 환하게 핀 목련 사진을 보며 마음이 아릿해졌다. 충분하지 못했던 그해 봄을 누가 찍었는지도 모를 이 작은 사진 한 장이 채워주는 것 같았다.

늘 사진을 찍고 나면 "이 바보 카메라!"라는 말을 입에 달고 산다. 내가 보는 것을 담지 못하는 카메라를 호되게 구박했다. 물건을 아끼며 쓰는 스타일이 아니라 렌즈도 티셔츠로 쓱 닦고, 렌즈 뚜껑은 언제 잃어버렸는지도 몰라 항상 열린 채로 다니면서 문신처럼 메고 다니는 배낭에 쑤셔 넣고 다니기 일쑤다. 소중히 다루지도 않으면서 카메라에게는 소중한 사진을 내어주길 바란다.

사진을 못 찍는다고 내게 뭐라 하는 사람은 아무도 없다. 전문적으로 사진을 찍는 작가도 아니고, 그걸 업으로 삼고 사는 사람도 아니니까. 누군가와 여행을 가는데 카메라를 놓고 온다고 해도 역시 나를 탓하는 사람은 없다. 사진을 찍어야 하는 게 나의 의무는 아니었다. 그저 좋아서 하는 일에 나는 이렇게 마음을 쓰는 거다. 능력 부족이 물욕을 눌러서인지 장비 욕심 또한 없다. (필름 카메라를 마음 놓고 찍을 수 있는 능력 정도는 가지고 싶지만) 크고 좋고 비싸고 무거운 카메라로 찍은 사진은 역시나 다르지만, 그건 내가 아니어도 괜찮았다. 내가 찍고 싶은 사진은 크고 좋고 비싸고 무거운 사진이 아니라서. 그런 사진들은 멋지지만 부럽진 않았다.

환한 얼굴을 하고 오랫동안 들여다보며 찍었을 사진. 무심한 듯 셔터를 눌렀을 테지만, 전혀 무심하지 않은 사진. 잡아두고 싶고 담아두고 싶어서 급히 찍었을 찰나의 사진. 나는 그렇게 마음이 담긴 사진을 부러워했다. 보고 있으면 찍은 사람의 마음이 느껴지는 사진을. 나와는 다른 시선으로 다른 마음을 담은 사진을 좋아했다. 그래서 잘 찍으려고 작정하고 찍은 사진들은 미련도 없

이 잘도 지우면서 언제 찍었는지 비디오를 틀어놓은 것처럼 선명하게 기억나는 흔들린 사진은 보물인 양 간직하고 있다. 분명 마음을 담은 사진은 다르다. 애정을 담은 사진은 다르다. 나는 그걸 안다.

배시시 웃으며 활짝 핀 목련 사진을 뷰파인더로 보듯 오랫동안 바라보았다. 나는 향해에서 마음과 시간이 담긴 사진과 이야기를 향해 나아가고 싶다고 생각했다. 어딘지 낮술 한잔하고 싶단 생각이 들었다. '얼큰하게' 말고 '알딸딸'하게 취해 '내 마음 가는 곳을 향해 떠나는 항해' 같은 여행을 하고 싶어졌다.

경주의 순간
- 반월성에서 만난 오로라

: 반월성

그땐 11년 뒤엔 오로라를 보러 갈 수 있을 줄 알았어. 11년이 니 뭐라도 되겠지, 뭐라도 하겠지 싶었거든. 근데, 먼지 같은 하찮은 존재로 살고 있더라고. 흑점의 대폭발을 얘기하며 지 구 전역에서, 심지어 우리나라에서도 오로라를 볼 수 있다고 뉴스에서 막 떠드는 거야. 아이슬란드까지는 못 가도 오로라 를 볼 수 있으려나 기대했지. 근데 말이 되냐? 공기 좋은 강원 도 산골도 아니고. 그냥 그렇게라도 보고 싶었던 거야. 뭐라도 하나는 이루고 싶은 마음에. 나는 좋아도 경주에, 좋지 않아도 경주에 와. 반월성에 앉아 있으면 멍~해져. 그러다 하늘이 붉 어지더라. 에이 설마~ 그런데 심상치가 않은 거야. 그날 내가 본 건 양귀비꽃같이 붉은 오로라였어.

기교 없이 담백한

: 프리제커피 브루어스

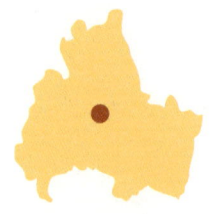

저 멀리 산 위에 엄청난 수직 높이로 생긴 구름이 보였다. 폭탄이 터지며 생긴 것 같은 구름을 보며 '어마어마한 상승기류로 생겼나 봐'라고 말할 그가 생각났다. 아무리 생각해도 나는 그를 많이 좋아하나 보다. 이런 구름을 보고 그런 대답을 할 그를 생각하는 걸 보면. 아무 말 없이 보낸 구름 사진에 그는 '고래 꼬리네~'라고 답했다. 그는 내가 생각하는 것보다 감성적인 사람인가 보다.

나무 그늘진 하천 옆 자전거 도로를 신나게 달려, 가보고 싶던 카페에 들어서니 "저희 5시 30분까지예요~"라는 말로 반긴다. 아직 시간이 좀 남았지만, 5시가 라스트 오더인 걸 미리 알지 못했던 내 잘못이다. 가던 곳만 가는 것 같아 새로운 곳도 가보자며 도전했는데, 본의 아니게 퇴짜 맞은 기분으로 익숙한 곳을 향했다. 사실, 프리제커피의 케이크랑 맛있게 내려준 필터 커피가 그리웠으니, 퇴짜 맞은 기분이 아니라 모임이 취소된 내향인의 집

에 가는 가벼운 발걸음이 더 맞겠다. 보우하사(카페)와 길 하나를
두고 마주 보고 있어서 갈 때마다 고민이지만, 오늘은 말차 바스
크 치즈케이크 승! 매번 똑같은 안쪽 구석 자리에 가방을 내려두
고 케이크를 먼저 주문했다. 원두를 고르려고 보니 즐겨 마시던
과테말라가 보이지 않는다. 새로 라인업된 원두 중에 '브라질 빈
할 초코'를 골랐다. 따뜻하게 나오던 블루베리 물이 아주 차가워
졌다. '계절이 바뀌는 동안 오지 못했네.' 차가운 물을 들이켜고
노트북 대신 노트를 꺼내 들었다.

　문득 떠오르는 생각들은 휴대폰 메모장을 이용하지만, 곰곰이 생각하고 적어둬야 하는 일이 있을 땐 종이에 쓰는 걸 좋아한다. 볼펜이나 연필 머리로 턱을 두드리며 생각하다가, 할 일이나 그날 있었던 일을 적기도 하고, 의미 없는 선을 직직 긋기도 한다. 그림을 그리다가, 흘러나오는 노래의 가사를 적기도 한다. 그러다 보면 메모는 점점 산으로 간다. 뭔 상관이랴. 메모의 진짜 의미는 시간이 지나 우연히 펼쳤을 때의 재미 아닌가. 간혹 날아가는 글씨로 뭐라고 썼는지 모르는 걸 맞추는 건, 수수께끼를 푸는 것 같기도 하다. 사실, 좀 더 재밌는 건 일기지만 이상하게 잘 안 써진다.

해야 할 일의 우선순위를 매기다가 아까 본 구름, 고래 꼬리, 급수탑의 아까운 나무들 같은 말들을 적었다. 볼펜 머리를 턱에 두드리고 있는데, 커피와 케이크를 가져다주신다. 벌컥 들이켠 커피에서 헤이즐넛 향이 느껴진다. 노트에 헤이즐넛이란 단어를 적었다. 펜을 내려놓고 케이크를 잘라 말차 크림을 야무지게 묻혀 먹었다. "음, 맛있다!" 케이크 그림을 그리려다 사진만 한 장 찍고 다시 또 한입. 몇 번 먹으면 금방 사라지는 게 아니라, 먹을 때마다 넉넉한 인심이 느껴진다. 그래도 맛이 없다면 오지 않을 테지만, 주기적으로 생각나 찾아오게 만든다. 그렇다고 그걸 생색내지도 않는다. 깔롱 부리지도 않는다. 그런 기교 없이 담백함이 좋다.

구석 자리에 앉아 내내 시간을 보내다가 이젠 충분하다 싶을 때 카페를 나섰다. 노트엔 알 수 없는 낙서들이 가득하다. 다음은 언제가 되려나. 그땐 조금 일찍 서둘러 아까 가려던 곳을 가봐야지 하다가 '그곳 커피도 맛있으면 어쩌지?' 황오동 근처의 카페들이 하나같이 맛있고 멋있어서, 고민해야 할 곳이 늘어나면 어쩌나 일어나지도 않은 일을 걱정한다. 뭘 어쩌나 생각나면 들르면 되지. 정말 걱정도 팔자다.

슴슴한 여름

: 누군가의 책방

바람 한 점 없는 날씨에 바람을 만드는 법을 안다. 바로 자전거를 타고 달리는 것. 바람이 공기의 흐름을 느끼는 것이라면, 자전거를 타는 건 내가 움직임으로써 공기를 가르며 만들어 내는 흐름이다.

그 많은 날을 놔두고 왜 하필 이렇게 더운 날 사서 고생인지, 타들어 가게 뜨겁단 아이의 말에 동의하면서도 "그래도 후텁지근하진 않아서 다행이야~" 뭐라도 긍정적인 것을 찾아 답했다. 습기를 머금은 무거운 공기는 땀이 난 피부에 들러붙어 더 덥게 만든다. 뜨겁지만 후텁지근하진 않은 공기의 가벼움과 경주의 벚나무들이 만들어 주는 그늘과 그 옆으로 펼쳐진 친숙한 여름 풍경에 내가 만든 바람으로도 견딜 만했다. 가는 내내 논 옆을 달리다 보니, 익숙한 벼꽃 향이 밥을 지을 때처럼 퍼져왔다. 매미가 이런 여름에 자기도 빠질 수 없다며 찢어질 듯 울어댔다. 매미 소리만큼 시끄럽게 "여름이었다!"를 외쳤다. 뒤따라오던 율이가 "여름이었다!!"라며 제창한다.

벚나무 그늘을 벗어나 마을 길로 들어서다 길을 잘못 들어 엉뚱한 데로 가버렸다. 낮은 담장에 아직 남아 있는 능소화에 눈도장으로 찍고, 다시 돌아 나와 마을 안쪽으로 들어가다 작은 내리막 길을 만났다. 슝~ 하고 내려가면 가슴에 있는 장기들이 철렁 내려앉는 기분이 든다. "으~~아!!" 신나지만 싫은 그 느낌에 알 수 없는 감탄사를 내뱉었다. 내리막의 가속도가 줄어들 때쯤, 어느 한옥 앞에 도착했다.

너무 조용해 쉬는 날인가 걱정하며 마당으로 들어섰다. 뜨거운 여름 볕에 주인은 안으로 들어갔는지 마당엔 강아지 장난감들만 더위에 지쳐가고 있다. 나무들은 씩씩한데 풀들은 바짝 말라 시

들했다. 열어진 문으로 들어갔다. '태화 고무장갑'이 아니라 까만 '태화 고무신'에 예쁘게 그려진 꽃. 평범한 물건은 그림 하나로 세상에 하나밖에 없는 꽃신이 되었다. 그 옆에 가지런히 신발을 벗어두고 서점 안으로 들어갔다. 하얀 쪼리 자국에 맨발인데도 신발을 신고 있는 것처럼 보이는 나의 발이 부끄러웠다. 책방지기님의 간결한 인사와는 달리 문 앞에 붙어 있던 소개문 그대로 낯선 이의 등장에 왕왕 짖어대는 강아지. "네가 호두구나?"라는 물음에 이런 일이 익숙하다는 듯 몇 번 짖더니 낮잠에 빠져들었다. 말없이 나는 나대로, 아인 아이대로 구경 삼매경에 빠졌다. 향미사에서 봤던 손 그림엽서가 이곳에도 있었다. 여름과 7월이 떠오른 큐레이션. 풍선에 바람이 빠지듯 피식피식 웃게 되는 제목들을 보고 있는데, 율이가 알베르 카뮈의 『페스트』를 집어 들었다. 너무나 의외인 선택에 눈이 휘둥그레지며 "진짜 이거 읽고 싶은 거야?" 재차 물었다. 망설임 없이 "응!"이라 답하는 아이. '페스트'라는 전염병에 관한 이야기인 것도 알고 있다며 야무지게 답했다. 사겠다 찜해두고는 다른 책도 둘러보다가 통조림에 관한 책을 골라 창문 앞에 놓인 의자에 앉아 읽기 시작한다. 나도 열기는 차단된 채 시원한 색들로 채워진 창밖 풍경이 잘 보이는 바닥에 주저앉아 얇은 책 한 권을 펼쳤다. 언뜻언뜻 들리는 풍경 소리와 타자 소리. 읽던 책이 마음에 들어, 사고 나서 마저 읽으려 덮어두고, 다시 책방을 둘러보았다.

〈누군가의 책_블라인드 북〉
단 한 문장으로 누군가의 손길이 닿은 책이 될 수 있기를 바라며
애정을 담아 책을 고르고 정성껏 꾸려
누군가의 선물이 되기를 바랍니다.

　이곳엔 책방지기님이 직접 고른 책을 정성스레 포장해, 책 속에
있는 한 줄의 문장과 짤막한 소개를 붙여둔 블라인드 북이 있다.
뜯어보기 전까진 무슨 책인지 알 수 없다. 문장 하나로 다른 이와
나의 시선이 무엇 다르고, 무엇이 같은지 궁금했다. '기록하지 않
은 삶은 기억되기 어렵고 기억되지 못한 시간은 허무하게 사라져
버리지요.' 사진을 찍고, 짧게나마 기록하는 나는 이 문장이 담긴
책을 골랐다. 나와 비슷한 누군가가 아니라, 나에게 선물하기 위
해서. 창밖을 쳐다보다 율이와 눈이 마주쳤다. 사춘기가 되면서
아이의 사진을 찍는 일은 줄어들었다. 뷰파인더로 천천히 바라보

며 담아둘 수 있던 그때의 모습은 생생한데, 갑자기 너무 커버린 것 같아 낯선 율이가 특유의 표정으로 웃는다. 그제야 나도 웃었다. 『페스트』 대신 『까먹는 재미』란 책을 사겠다며 흔든다. 나중에 재밌냐고 물었더니 "응. 어렵지 않게, 본인이 맛보고 느낀 생각을 장황하지 않고 솔직하게 잘 표현한 것 같아"라고 답했다. 책장에 온통 판타지 소설 일색이던 아이는 그새 또 자랐나 보다.

나갈 땐 자꾸 발냄새를 맡은 호두 때문에 민망해서 웃었다. 웃으며 나오는 건 기분 좋은 일이었다. 한껏 달궈진 자전거 안장에 엉덩이를 들썩이며, 내리막에서 오르막으로 바뀐 길을 힘차게 올랐다. 눈도장 찍어둔 능소화 앞으로 돌아가 수줍게 웃는 아이의 사진을 담았다. 왔던 길을 되돌아가는 길. 옥수수가 영글어 간다. 갓 따온 옥수수를 소금만 살짝 넣고 찌면, 뉴슈가 따윈 넣지 않아도 옥수수 향 가득한 슴슴한 단맛에 몇 개라도 먹을 수 있는데. 갓 따온 옥수수 같은 슴슴한 경주의 여름은 몇 번이고 다시 맞이하고 싶다.

무열왕릉 근처에 있는 독립서점인 '누군가의 책방'은 한옥과 마당, 왕왕대는 호두가 있는 조용한 책방입니다. 사실, 드러누워 책을 읽고 싶은 충동이 드는 곳이더라고요.

경주의 여름을 즐기는 방법, 초저녁 버전(feat. 타실라)

: 동궁과 월지 연꽃단지, 첨성대,
황남동 고분군, 쿠우동

자전거를 탈 줄 알고, 수영을 할 줄 알면 여행은 몇 배는 더 즐거워진다.

오후 6시 – 황오동 골목

자전거를 타고 달리다 문득 어제 지나가며 보았던 동굴과 월지 앞 연꽃이 떠올라 팔우정 방향으로 핸들을 돌렸다.

오후 6시 10분 – 동굴과 월지 연꽃단지

슬쩍슬쩍 부는 바람에 하얀 연꽃도 넓은 연잎도 살랑인다. 거리만큼 옅은 낮은 산, 동굴과 월지의 짙은 나무들, 높다랗게 자란 분홍색 부용화가 차례로 겹겹이 층을 이루며 연꽃 뒤로 서 있다. 오므린 연꽃이 대부분이지만, (연꽃은 아침 햇살에 활짝 피었다가 오후가 되면 오므라든다) 꽃 보기를 돌같이 하는 아이도 예쁘다며 사진을 찍는다. 6시가 넘어가니 그림자가 길어졌다. 그림자의 길이

가 태양과 거리에 비례한다는 착각이 드는 여름. 길어진 그림자만큼 태양이 멀어져 시원하단 착각을 했다.

오후 6시 45분 – 첨성대

올해 첨성대 여름 꽃밭에서 하나만 꼽으라면 단연 플록스(꽃 이름)! 화려한 색감에 잠시 혼미해지다가 그 앞으로 펼쳐지는 계림과 인왕동 고분의 고요한 여름 색을 보며 안정을 찾았다. '집에 돌아가면 그려봐야지'라고 생각하면서, 생각만 하지 말고 실천도 하라며 생각 속 생각을 했다. 인왕동 고분들 사이를 뛰어다니고 싶다. 그러다간 잡혀가겠지만. 매번 그 풍경 앞에선 이성의 끈을 잘

붙잡고 있어야 한다. (자칫하다간 고분 사이로 뛰어 들어갈지도 모르니) 이파리도 열매도 색이 같은 여름 모과는 어스름해지는 빛에 더 구별이 안 된다. 그래도 매번 같은 자리에 서서 사진을 남긴다.

오후 7시 – 황남동 고분

산책 나선 아저씨를 쫄랑쫄랑 앞서가는 강아지를 따라 놋전길을 지났다. 역시, 여름 해 질 녘엔 황남동 고분이다. 메타세쿼이아 다섯 그루가 서 있는 이곳은 '여름', '초저녁', '맥주 한 캔'이라는 단어들로 요약할 수 있다. '쏙!' 하고 넘어가 버리는 겨울 해와 달리, '스으으으윽' 하고 머무는 여름의 석양빛이 고분과 나무와 내 얼굴에 걸쳐진다. 한 번씩 불어오는 바람에 축축하게 젖은 티셔츠가 시원해지면 얼굴 근육이 흐물해진다. 달궈진 발바닥으

로 돌아다니다 "망할 여름! 언제까지 더울 거야!"라고 욕하던 마음도 흐물해진다. 이럴 때 시원한 맥주 한 캔을 벌컥벌컥 들이켜면 망할 여름도 좋아진다. 덥석 달려들며 꼬리마저도 신난 남의 집 강아지를 나도 덥석 잡아 마구마구 부벼댔다. 한 가족이 엄마의 진두지휘 아래 '나 홀로 감나무'를 배경으로 사진을 찍고 있다. 몇 장 찍고 도망가는 아들들과는 달리 아빤 이미 예감한 듯 엄마 옆에 서 있다. 사진을 확인한 엄마는 다시 아들들을 부른다. 역시 연륜은 무시할 수 없다. '나 홀로 감나무'가 있는 곳으로 할머니 두 분이 걸어가신다. 오래된 우정만큼 귀한 것도 드물지. 쭈그리고 앉아 네잎클로버를 찾다가 무언가를 들고 오는 아이는 "나는 행운보다 행복이야!"라며 내게 세잎클로버를 건넸다.

오후 7시 40분 – 쿠우동

'우동'이란 말에 시큰둥하던 아이는 쫄깃한 면발의 냉우동과 바삭한 튀김에 함박웃음을 짓는다. 다들 맛있다고 해서 왔는데 엊그제 먹었던 우동보다 일곱 배쯤 맛있는 것 같다. 역시, 경주는 '밀가리의 도시'다. 밀가리라고 쓴 건, 누군가 우스갯소리로 국수는 밀가루로 만들고 국시는 밀가리로 만든다고 알려줘서다. 아이는 좋아하는 새우튀김을 한 입 베어 물고 오물거리다 맛있다며 내게 건네준다.

오후 8시 30분 – 봉황대 앞

자전거를 타고 숙소로 돌아가는 길.

"여름에 자전거 타면서 저녁에 돌아다니니까 진짜 좋다. 다 너무 좋아서, 다 너무 좋았어!" 무슨 말인지 모르겠지만, 알겠다. 나도 다 너무 좋아서, 다 너무 좋았어!

동궁과 월지 연꽃을 등한시했던 과거의 나를 반성합니다. 맥주 대신 시원한 커피 한잔해도 좋은 황남동 고분. '쿠우동'의 냉우동은 참 맛있는 여름 맛이지만, 한 가지 아쉬운 건 양이 좀 적어요. 맛있어서 그렇게 느껴진 건지도 모르겠네요.

경주의 순간 - 사랑엔 이유가 없다

: 반월성

푸른빛이 감도는 저녁 하늘 아래 초록이 끝없이 펼쳐진 반월
성을 걸었다. 무릎까지 자란 들풀 사이로 하얗게 핀 개망초.
멀리 보이는 짙은 숲은 세상과 단절된 듯 고요했다. 한 발 한
발 걸을 때마다 풀냄새가 전해진다. 한낮의 뜨겁던 매미 소리
대신. 시원한 풀벌레 소리가 들린다.
사랑엔 이유가 없다.

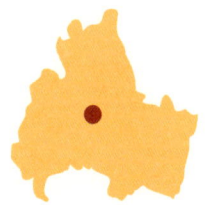

까마득해지는 시간

: 쪽샘지구

가끔 자전거를 타고 달릴 때면 그런 생각이 들곤 한다. 모든 것
이 스쳐 지나가는데, 나만 혼자 다른 차원 안에서 있는 그런 기
분. 별이 가득한 밤하늘을 쳐다보고 있으면 몸이 붕 뜨며 우주 속
을 유영하는 기분이 든다. 내겐 그런 순간이 예고도 없이 찾아오
곤 한다.

양귀비꽃 같은 오로라에 취했나. 고분들 사이로 붉고 진한 분홍
빛 노을이 지던 그 길을 자전거를 타고 달리고 있었다. 그러다 또
정신이 아득해졌다.

'내가 누구지? 여긴 경주였는데, 나는 지금 뭘 하고 있는 거지?
나는 왜 여기 있는 걸까?'

눈을 질끈 감았다 뜨길 몇 차례. 어김없이 율이 생각이 났다. 율
인 종종 차를 타고 가다가 아무 일 없이 울곤 했다. 자다 깨서도
꿈을 꾼 게 아니라면서 그냥 서럽게 울곤 했다. 왜 우냐고 물어보
면 항상 같은 대답이었다.

"엄마, 나는 내가 누군지 모르겠어. 나는 어디서 왔어? 나는 왜 나야?"

"율인 엄마가 배 아파서 낳은 엄마 딸이지~"

"그건 아는데…. 아는데 모르겠어. 어떻게 내가 된 건지."

"율인 엄마랑 아빠랑 사랑해서 엄마 씨랑 아빠 씨가 엄마 뱃속에서 만났어. 엄마가 뱃속에서 율이가 태어날 준비가 될 때까지 품고 있다가 율이를 낳은 거야. 그러니 율이는 엄마 아빠한테서 온 거지."

육아를 인터넷으로 배운 나는, 아이에게 믿기지도 않고 이해도 안 되는 대답을 했다. 그러곤 한참을 안아서 노래를 불러주면 율인 진정이 되며 울음을 그치곤 했다. 딱 한 번, 혼자 아이 둘을 보다가 너무 힘들어서 우는 아이 앞에서 "나도 내가 누군지 모르겠어!"라며 같이 운 적이 있다. 말 그대로 엉엉 울면서 율이가 말하는 것처럼 나도 내가 왜 여기서 이러고 있는지 모르겠다며 목 놓아 울었다. 그런 엄마를 보면서 아이는 무슨 생각을 했을까. 처음 보는 엄마의 울음이 율이에겐 어떤 느낌이었을까.

그 뒤로 율인 우는 일이 줄어들었다. 참다가 못 견딜 때쯤 여전히 자신이 누군지 어디서 왔는지 모르겠다면서 울었다. 혼자서 잘 수 있게 된 후에도 가끔 두려운 생각에 들 때면 잠들 때까지 내 손을 잡고 그런 생각들을 참곤 했다. 지금도 율인 아주 가끔 비슷한 질문을 한다. 그때처럼 직설적으로 묻진 않지만, 여전히

자신의 존재에 대한 의문에 까마득해지는 시간이 아이에겐 찾아 오는 것 같다. 그래서 삶과 죽음에 관한 이야기가 나오면 내게 울 면서 물어보던 그때 그 표정을 하곤 한다. 그러고는 나를 안고 늘 말한다.

"나보다 먼저 죽으면 절대 안 돼!"

그러면 나는 귓속말로 말해준다.

"가는 데는 순서가 없대. 하하하."

실없는 농담이지만 나의 실없음이 아이에게 안심이 되길 바라는 마음은 가득 담아서.

이젠 말해줄 수 있을 것 같다.

"율이야. 어른이 되어도 내가 누군지 모르겠고, 어디서 왔는지, 왜 존재하는지 몰라서 까마득해지는 시간이 오더라. 엄마는 지금도 가끔 정신이 아득해져. 그런데 그게 무섭진 않아. 내가 누군지 몰라서, 내가 왜 여기 있는지 몰라서 울게 되진 않는 것 같아. 그러다가도 다시 돌아와 삶을 살아가는 게 어른이 되는 것 같아. 가끔 견디기 힘들게 까마득해질 땐 엄마한테 말해도 괜찮아. 그때처럼 울어도 괜찮아. 또 똑같은 대답으로 토닥여 주고, 꼭 안고 노래를 불러서 재워줄 테지만. 너 혼자만 그런 게 아니야. 엄마도 너처럼 그렇다고 말해주고 싶어!"

페달을 굴러 노을 속으로 들어가는 기분이 들었다. 율이도 이런 기분이었으려나.

3부

나를 보듯 경주를 보았다,
가을

autumn

담아두고 쌓아둬 봐야 나만 무거워지는 말들과 마음은 경주의 은행잎들과
떨어지라며 그곳에 매달아 두고 왔다. 아니 두고 오고 싶었다. '털어낸다고
털어지면 그게 먼지지 마음이겠냐?' 머릿속으로 혼잣말을 해대며 실없이
웃었다.

난 아직도 경주가 궁금해

: 경주문화원 향토사료관

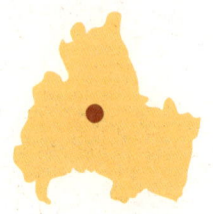

올해도 그 집 앞에는 색색의 국화가 피어있다. 무심히 남들 보라고 심어놓은 그 꽃에 지나가는 남 중 하나인 나의 마음도 설렌다. 읍성에 올라 바라보는 낮은 지붕과 자전거를 타고 지나가는 어르신들은 이젠 낯익은 경주의 풍경이다. 성벽을 내려와 골목으로 들어가려는데, 공사 중인 집으로 고양이 한 마리가 사뿐사뿐 걸어간다. 그러곤 트럭 위로 폴짝 뛰어오른다. 어디서 왔는지 만화 속에서 튀어나온 듯 못생기고 귀여운 강아지 두 마리가 꼬리를 흔들며 다가온다. 우린 고양이를 쫓아가는데, 이 녀석들은 짧은 다리로 우리를 졸졸 쫓아온다.

"미안~ 주고 싶은데, 아무것도 없어."

알아들은 건지 나란히 붙어 뒤돌아가는 뒷모습은 둘이라 다행이다. 방향도 모른 채, 이리저리 걷다가 불쑥 튀어나온 내 취향의 집. '취향'이라고는 하지만 일목요연하게 정리할 수 없는 나만 알 수 있는 그런 기준. 까치발을 하고 구경하다가 커다란 은행나

무가 눈에 들어온다. 어찌 경주는 매번 이렇게 새로운가. 이 길도
분명 여러 번 걸었는데, 물들고서야 알아차렸다. 은행나무에 이
끌려 가다 보니 '경주문화원 향토사료관(경주부 관아 건물)'이라 쓰
여있다.

"여기 처음이야?"

"응. 있는 줄도 몰랐어."

천천히 걸어 들어선 마당 오른편엔 유골인 듯 휘어지고 꺾어져
앙상한 줄기만 남았지만, 그 세월을 짐작게 하는 산수유나무가
있다. 아직 나무 한쪽엔 가지를 뻗고, 빨간 산수유 열매가 맺혀있
었다.

경주박물관에는 지금 노오란 산수유꽃이 한창입니다. 늘 외롭게 가
서 보곤 하던 싸느란 옥적(玉笛)을 마음속 임과 함께 볼 수 있는 감
격을 지금부터 기다리겠습니다.

조지훈에게 보내는 박목월의 답장 속 그 '노오란 산수유꽃'의
주인공. 1975년까지 경주박물관으로 사용되었던 이곳의 산수
유나무는 세월에 무너지고 태풍에 꺾였지만, 곁가지가 자라고,
그 곁가지가 죽으면 햇가지를 키워 지금도 마당 한쪽에 자리 잡
고 있다. 향토사료관 건물 앞에 곧게 뻗어 있는 전나무 두 그루.
이 중 서편에 있는 나무는, 1926년 10월, 스웨덴의 구스타프 6세
아돌프 황태자와 루이즈 태자비가 서봉총 발굴에 참여한 뒤, 당
시 박물관이던 이곳에 기념으로 심은 것이다. 건물 왼편, 건물의
높이와 엇비슷한 향나무 두 그루를 지나 뒤뜰로 나가면, 나를 이
곳으로 이끈 커다란 은행나무가 서 있다. 향토사료관 안에 전시
된 사진 중, 1930년경의 경주박물관을 찍은 사진 속에서도 존재
감이 느껴지는 동부동 은행나무. 600년을 넘긴 나이에도 여전히
정정하다. 밖에서 볼 땐 한 그루로 보이던 나무는 두 그루였다.
암그루인지 사방에 은행이 떨어져 있어 지뢰밭을 걸어가듯 다가
갔다. 아직 연둣빛이 더 많이 남아 있어 샛노랗게 물든 잎들이 바
닥까지 노랗게 물들이는 때 다시 와보고 싶다.
　다시 돌아 나오는 길. 배배 꼬인 향나무 기둥은 옆으로 뻗은 가

지를 꽤 높은 곳까지 잘라줘서 그런지 그동안 봐왔던 향나무들과
는 느낌이 달랐다. 금관고가 있던 자리 근처엔 키 작은 국화들이
피어있어, 달지 않은 국화 향이 화하게 올라왔다. 꽃송이가 작은
국화를 좋아하는 나는 또 마음이 설렜다.

　입구의 서편에는, 선덕대왕신종의 옛 종각이 남아 있다. 현재
국립경주박물관 야외 전시관의 전용 종각으로 옮기는 데에도 쉽
지 않았다고 하는데, 봉덕사에서 영묘사로 영묘사에서 봉황대 근
처로, 또 이곳까지 어찌 옮겼을까. 옮긴 것도 대단하지만, 이를
만들어 낸 기술엔 지난번 친구가 얘기했던 외계인 개입설이 떠올
라 피식거렸다.

누군가 좋아지면 그 사람의 많은 것이 궁금해진다. 어렸을 때 모습은 어땠는지, 무릎에 있는 상처는 어쩌다 생긴 건지, 어떤 음악을 좋아하고, 어떤 음식을 좋아하는지, 손은 큰지, 달릴 때 어떤 표정을 짓는지. 그러다가 나보다 더 잘 아는 사람을 만나면, 부럽고 부끄럽고 속상하다가 열의에 불탄다.

오늘도 나는 경주에 대해 모르는 게 너무 많다. 어디에 어떤 것들이 있는지, 왜 있는지, 어떤 일이 있었는지 속속들이 다 알고 싶다가도 일상으로 돌아오면 사는 데 급급해 잊어버린다. 그러곤 다시 찾아가 궁금해하다가도 경주의 외모에(지극히 내 취향인) 아무 생각 없이 웃게 된다. 어쩌면, 좋아한다는 건, 다 알아버리는 게 아니라 계속 궁금해지는 일인지도.

향토사료관의 전나무를 검색하다가 『전나무 노거수는 일제의 신목 神木이다』라는 책을 알게 됐습니다. 책에는 일제 강점기, 일본이 우리나라의 사찰, 조선 왕릉, 공공시설, 임진왜란과 항일운동 유적지 곳곳에 전나무를 심었다고 합니다. 그 이유는 스와대사의 제신이 신공황후의 삼한정벌 때 신덕을 내린 것처럼, 명치 시대 조선에 있던 일본인에게도 같은 신덕이 내려지기를 바라며 같은 의미로 심은 것이라고 하네요. 읽어보진 못했지만, 이국적이라고 생각했던 전나무 노거수들이 조선을 빼앗고자 하는 마음에 심어진 나무란 사실에 놀라웠습니다. 나무는 죄가 없지만 그런 마음으로 심은 그들에겐 죄가

있겠죠. (신공왕후의 삼한정벌은 일본서기의 전설로, 한국 사서에는 관련 기록이 없고, 고고학적으로도 근거가 없어 신화적 창작으로 여겨지며, 일본 왕실의 권위 강화를 위한 신화로 해석된다)

경주문화원은 여름에 가도 좋습니다. 초록의 나무들과 대비되는 연한 보라색의 배롱나무꽃이 향토사료관 앞에서 수줍게 꽃을 피우고, 은행나무가 있는 뒤뜰엔 화장실 뒤편으로 커다란 배롱나무가 돌담의 기와지붕과 담쟁이덩굴이 어우러져 피어있어, 산사나 향교에서 볼 수 있는 풍경을 시내에서도 볼 수 있어요.

영원을 사는 순간

: 불국사, 불국사 앞 언덕

가을이 애매하게 한창인 불국사. 유난했던 그해의 계절엔 단풍도 제각각이었지만, 그 아름다움은 어쩌질 못했다. 바람이 불고 낙엽이 피날레처럼 흩날릴 때, 그곳에 있는 모두가 약속한 듯 일제히 휴대폰을 꺼내 들었다. 경내에 매달린 연등, 애도를 위한 하얀 국화, 울긋불긋 물든 단풍, 그리고 바람이 불 때마다 날리는 나뭇잎. 소풍 나와 아무에게나 신나게 손을 흔드는 해맑은 아이들도, 며칠 전 열반하신 종상 대종사님을 뵈러 온 조문객들도, 모든 순간을 담으려는 듯 사진을 찍는 외국 관광객들도, 우리 같은 여행자들도 모두 뒤섞여 영화 속 축제의 한 장면이 펼쳐졌다. 영화 속 주인공은 아니더라도 조연 정도는 된 기분이었다. 뒤돌면 또 다른 장면이 펼쳐지니 미련을 뚝뚝 흘리며 느린 걸음을 옮겼다.

불이문으로 들어와 일주문 쪽으로 걸어가는 발걸음이 자판기 앞에서 멈췄다. 누가 자판기에 나무 지붕을 얹어주었을까? 그 사람은 분명 낭만을 아는 사람일 테다. 나무 지붕 아래로 하얗게 빛

나는 세 대의 자판기. 바로 옆엔 때가 타 검붉어진 우체통. 친구
에게 카메라를 건네주며 사진을 찍어 달라고 부탁했다. 여전히
사진에 찍히는 일은 어색하고 민망해서, 셔터를 마구 눌러달라고
부탁하고 바삐 그 배경 속으로 뛰어들었다 나왔다. 신나게 뛰어
가는 뒷모습과 윗니, 아랫니 다 보이게 웃으며 되돌아오는 앞모
습이 찍혔다.

　이번엔 일주문 앞, 낙엽을 바람으로 날려 청소하고 있는 장면에
발이 묶였다. 아니 왜 그 장면에 내 머릿속은 자체 배경음악이 흘
러나오나? 사진 찍는 나를 발견한 아저씨. 나를 향해 힘차게 낙
엽을 날려주셨다. 좋아하는 아이돌 가수의 윙크라도 받은 양 소

리를 지르며 즐거워했다. 소리가 커질수록 더 세게 날려준 낙엽 덕분에 눈이고 입이고 흙이 한가득이지만, 조금은 거친 아저씨의 다정함과 나의 정신없는 신남이 무언의 소통을 이룬 순간이었다.

일주문을 나와 버스 정류장으로 내려오다 길이 아닌 언덕으로 걸어갔다. 길로 가면 누구나 볼 수 있는 풍경을 본다. 하지만 길이 아닌 곳으로 가면 보지 못한 풍경을 볼 수 있다. 물론 대가는 따른다. 신발과 바지에 온통 마른풀과 씨앗들이 달라붙었다. 도둑놈 가시는 그나마 괜찮다. 유난히 안 떨어지는 풀씨들은 집까지 따라오기도 한다. 그래도 이런 풍경을 얻을 수 있다면 기꺼이

내어줄 수 있다. 날씨 요정인 친구와 함께라 그런지 유난히 맑았
던 하늘은 새하얀 구름에 더 파래졌다. 길이 아닌 언덕에서 마주
한 풍경은, 「초원의 집」4)에서 아이들이 뛰어 내려오던 언덕이 생
각나 목줄 풀린 대형 외향견처럼 신나서 뛰어다녔다. 가끔은 이
런 것들에 감동하는 나에게 감사하다. 명품 가방만큼은 아니겠지
만 여행에도 돈이 든다. 가방은 메고 나갈 때마다 기분이 좋아지
겠지만, 여행은 순간을 산다. 순간을 샀지만, 시간이 지날수록 미
화되는 기억에 어쩌면 영원을 사는 건지도 모르겠다.

─────────

4) MBC에서 방영했던 1870년대 미국 서부 개척 시대를 배경으로, 잉걸스 가족이 척박한 자연 속에서도 서로 사
랑하며 함께 살아가는 모습을 따뜻하게 그린 가족 드라마.

바람에 후드득 날리는 은행잎과 달리, 두둥실 날리는 플라타너스 잎을 겨우 하나 잡고는 얌전히 떨어진 잎들을 모아 깔고 앉았다.

'나, 꽤 행복한 사람이네.'

발길을 조금 돌렸더니, 자꾸 눈을 깜빡이며 담고 싶어지는 풍경을 만났다. 가방 위에 카메라를 올려놓고 친구를 불렀다. 나의 명품 가방에 네가 행복할 순 없지만, 나와 함께한 여행에선 함께 행복할 수 있지 않을까? 그런 순간들을 우린 기억하겠지. '경주'란 말에 떠오르고, '불국사'란 말에 선명해지고, '그 언덕'이란 말에 행복해지는.

불국사 자판기 옆 때가 타 검붉었던 우체통은 깨끗이 닦아둔 건지, 아니면 새 걸로 바꾼 건지 새빨간 우체통이 돼 있더라고요.

경주의 순간
– 이게 다지만, 그것만으로도 충분한
: 토함지

'토함지'라는 이름만 듣고는 오래된 연못일 거로 생각했는데, 골프장 가운데에 떡하니 있어 적잖이 당황스러웠다. 그리고, 정말 사진 속 풍경이 전부라 다시 한번 당황스러웠다. '토함지'란 이름은 아마도 뒤쪽에 자리한 토함산에서 이름을 따온 듯하다. 보이는 게 다라서, 숨겨 놓은 속내도 없이 그대로 드러낸 모습에 속이 시원해진다. 더도 말고, 덜도 말고 사진 속 풍경이 다인 곳. 하지만 그 풍경만으로도 충분하다.

오래된 것을 귀히 여길 수 있는

: 보우하사

성동시장에 볼일이 있어서 가는 길에 '향해'를 들렀다 가려고 보니, 아쉽게도 휴무다. 그냥 가기엔 시간이 붕 떠서 새로운 곳을 찾아가 보기로 했다. 옛 경주역 근처, 이젠 기차는 다니지 않는 고요한 선로 옆 동네의 한적한 골목으로 들어서니 사진으로 보던 익숙한 건물이 보였다. 사람이 많으면 그냥 돌아서려고 했는데, 운 좋게 자리가 있었다.

요즘은 이런 느낌을 '느좋(느낌 좋은)'이라 표현하던데, 허물어진 담장과 페인트가 벗겨진 대문. 옛집의 느낌을 그대로 살린 외관은 부모님과 함께 왔다면 "여긴 버려진 집인가?" 하셨을 것 같다. 삭아서 붉어진 작은 양철 지붕 밑으로, 작은 나무 지붕이 비를 가려주는 출입문. 세월을 그대로 입은 건지, 속성으로 입힌 건지 알 수 없는 그 문을 열고 들어서면 「미스터 선샤인」의 세계가 펼쳐질 것 같았다. 넋 놓고 들어가다가, 높은 단차를 보지 못했다. 넘어질 뻔했지만, 자연스럽게 무릎을 굽혀 인사를 하듯 안으로 들어섰다. 바닥에 길게 늘어진 낡은 창살의 그림자가 계절을 말해 주는 듯했다. 창밖으로는 벚나무가 보였다. '벚꽃이 피면 얼마나 설레려나.' 봄을 상상하며 작은 테이블에 자리를 잡았다. 자칭 구황작물 마니아. 고구마 중에서도 목이 턱 막히는 퍽퍽한 밤고구마를 좋아하는지라 가을 메뉴인 밤라떼를 주문했다. 유명하다는 오란다도 같이 주문했다. 별 기대 없었는데, 고소하고 달콤한 밤 맛이 구황작물 마니아의 입맛에 잘 맞았다. 오란다는 조금 가볍고 바삭한 뽀빠이를 뭉쳐놓은 맛이랄까. 새로운 곳을 찾아왔지만 익숙함이 좋은 인간은 콩알을 뭉쳐놓은 것 같은 본래의 오란다가 생각났다.

나이를 먹으면 참을성이 커지는 줄 알았는데, 오히려 못 견디는 것이 많아진다. 소리가 너무 큰 곳에선 앉아 있기 힘들어지는 것도 그중 하나다. 높은 천고에 문을 열어놔서 그런지, 음악이 사방으로 퍼졌다. 오밀조밀 공간을 작게 잘 나눠놔서 꽤 많은 사람이 있었음에도 시끄럽지 않았다. 좁은 테이블 위에 떡하니 자리 잡은 나뭇가지 하나. 감도 아니고 파프리카도 아닌 처음 보는 노란 열매가 달려있다. 색은 잘 익은 땡감 같은데, 정체를 알 수 없는 노란 열매는 감인 듯 가을과 어우러졌다. (Solanum mammosum 이라는 노랑혹가지였습니다)

볕이 좋은 날이나 바람이 좋은 날에는 뒷마당에 앉으면 좋겠다. 벚나무만 보였는데, 막상 나가보니 자귀나무도 있다. 무심히 놓

여 있는 돌 하나도 허투루 가져다 놓은 것은 없는 듯했다. 벚꽃
피는 봄과 자귀나무꽃이 피는 여름을 생각했다. 여기저기 심어
진 갈대엔 가을과 겨울을 생각했다. 봄을 놓치면 여름을 잡으면
되고, 여름도 놓치면 다시 봄을 보러 오면 된다. 계절을 담아내는
도시엔, 이처럼 계절을 담아내는 공간들이 늘어간다.

　네이버 지도 앱에 나와 있는 장소의 정보란을 보는 버릇이 있다. 할 일이 없거나 한가할 땐 인스타그램이나 홈페이지에 들어가, 맨 처음 그 장소가 만들어질 때의 사진을 보곤 한다. 보통 자신의 공간에 애정을 품고 있는 사람들은 정보란을 정성스레 채우고, 공간이 만들어지는 과정을 마음을 담아 적어둔다. 나는 사람과도 낯을 가리지만, 공간과도 낯을 가린다. 편견 없는 사람이 되고 싶지만, 한 번 머릿속에 남은 인상은 잘 바뀌지 않는다. 첫인상이 편견으로 굳어지기 전, 나름으로 바로잡은 과정이다.

　애국가 1절에 나오는 '보우하사'인줄 알았는데, '레인보우'의 '보우', '하사하다'의 '하사', 둘의 결합어란다. '계절마다 바뀌는 새로운 메뉴와 자연의 흐름에 맞춰 변하는 분위기로 무지개처럼 다채

로움을 선사합니다'라고 쓰여 있었다. 속성으로 만든 거로 의심했던 출입문은 세월을 그대로 입은 거였다.

재밌는 공간 나눔. 살려두고, 비워두고, 채우고, 뚫고. 버리지 않고 귀히 여김이 좋았다. 원래는 주춧돌 위로 바닥이 있었을 텐데, 뜯어낸 만큼 높아진 천장이 그런 공간 나눔의 답답함을 덜어주었다. 곳곳의 정물화 같은 식물과 꽃은 있는 듯 없는 듯 이곳을 채웠다. '이런 센스있는 사람들은 어떤 눈을 가졌기에 다른 것을 보는걸까?' 이런 곳을 올 때마다 그들의 센스가 참 부럽고 고맙다. 좋으면 몇 번이고 가는 사람은 이곳에 꼭 다시 와보고 싶다, 생각했다. 어디든 주인장의 마음이 담긴 공간을 보면 그런 생각이 들지만, 보우하사는 이곳을 꾸려가는 사람들에게 많이 사랑받고 있단 느낌이 들었다. 다시 와도 이런 느낌에 변함이 없었으면 좋겠다.

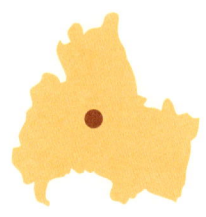

명불허전의 고분

: 대릉원

"이렇게 이뻤나?"

능선 같은 커다란 고분 주변으로 귀엽게 옹기종기 모여 각자의 가을 색을 뽐내는 나무들. 보고 있자면 감탄만 나오는 색감과 온갖 가을 색은 다 가져다 썼지만 따라갈 수 없는 조합. 자연의 재능기부 덕분에 눈은 호강인데, 반하고 또 반하느라 도통 속도가 나질 않는다. 이렇게 효율성 떨어지는 여행이 답답할 만도 한데, 친구는 나의 느린 걸음에 속도를 맞춰준다. 속으론 '가시는 걸음 걸음마다 사진 한 장 찍고 가시옵소서~'라며 속 터져 했을지도 모르겠지만. 한복을 차려입고 대릉원의 모든 풍경을 찍으며 감탄하느라 세 걸음에 한 번씩 멈춰서던 외국인 가족. 이런 느릿한 걸음들에 대릉원 곳곳은 정체였다.

"까르르~" 소리는 실제로 들어도 "까르르~" 했다. 낙엽이 굴러가는 것만 봐도 깔깔대는 사춘기 소녀들처럼 나이 지긋한 어머님들께서 서로를 보며 까르르 웃고 계셨다. 셀카봉을 든 채 옹기종

기 모여 사진을 찍다가, 지나가는 사람을 붙잡고 사진을 찍어달라 하셨다. 수학여행으로 왔을 이곳에 친구들과 나란히 서서 짓는 웃음은 몇십 년 전과 별반 달라지지 않았을 텐데. 나이를 먹지 않는 웃음소리에 괜히 뭉클해졌다.

영주 부석사엔 범종각 앞에서 사람들 사진을 찍어주는 어르신이 계셨다. 그 앞을 지나는 사람들에게 어느 각도에서 찍어야 멋지게 담기는지 아신다며, 모르는 이들의 휴대폰을 건네받고 사람들을 찍어주셨다. 그 어르신 마음을, 그 표정을 알 것 같다. 그들의 가을, 그들의 경주를 눈으로 담으며 나도 모르게 그 어르신의 표정을 하고 있다. 어머님들 사진을 찍어주던 분의 얼굴에서도 나와 같은 마음이 묻어 나는 게 보였다. 똑같은 표정을 지으며 눈으로 '찰칵!'

몇 걸음이나 걸었으려나. 나에게 사진을 부탁하는 젊은 여행자들. 휴대폰 화면은 생기 가득한 얼굴들로 반짝이고, 조금 전과 그리 다르지 않은 "까르르" 소리가 들렸다. 사진을 찍어주고 돌아서니, 곱게 한복을 입고 사진을 찍는 젊은 연인들의 모습엔 "이뻐라~" 소리가 절로 나왔다.

추석날 귀경길을 보는 것 같은 대릉원 포토존. "우리도 가서 사진 좀 찍을까?" 친구에게 물으니, 고개를 절레절레 흔든다. 나랑 마음이 같아 다행이면서도 오후 볕에 빛나던 대릉원을 보고 있으니 아쉬운 마음도 들었다. 대릉원의 가장 큰 장점은 물론 외모지만(구석구석 둘러봐도, 예쁘지 않은 구석을 찾기 힘들다), 그다음은 사람이 많아도 번잡스럽지 않다는 것. 포토존은 마다했지만, 그곳만큼 예쁘고 한적한 곳에, 여행 와서도 자식 일로 통화 중인 친구를 끌어다 세워뒀다. 저만치 떨어진 곳에 카메라를 설치하고 여전히 통화 중인 친구와 사진을 찍었다. 비록 나는 하얀 친구 옆에서 까만 인민군같이 나왔지만, 우리의 가을, 우리의 경주를 담으며 '찰칵!'

배롱나무 밑에 앉아 잠시 쉬는데, 올가을엔 감값이 싸다 했더니 대릉원 감나무에도 감이 풍년이다. 하늘엔 솜이 터져 나온 하트 구름이 떠 있었다.

"사랑이 넘쳐서 하트가 터졌나 봐!"

유난히 다정하게 서로의 사진을 백 장쯤 찍어주는 중년 부부.

대릉원에서 안내판만 열심히 읽고 다니던 내 남편과는 너무 다른, 세상 다정한 모습에 부부가 아닐 거라며 깔깔거렸다.

　오며 가며 여러 번 들른 그곳은, 똑같은 장소에서 또 다른 느낌으로 여행자를 붙든다. 어제도, 심지어 조금 전에도 지나갔던 곳에서 또 멈춰 선다. 나는 이렇게 대릉원을 좋아한다. 다만 너무 예쁨을 많이 받아 굳이 나까지 예뻐하지 않아도 될 것 같은 그런 곳이랄까. 그래도 늘 그 앞에는 '명불허전'이라는 말을 붙여준다. 나만의 대릉원 애칭이다. 내가 느끼는 대릉원은 그러하니까. 온통 귀엽고 뭉클한 순간들로 가득했던, 가을의 명불허전 대릉원에서 무탈하지 못했던 여름에 데인 상처가 회복되어 갔다.

경주의 순간
– 경주박물관의 빛나는 순간

: 국립경주박물관

나에게 1년 중 경주박물관이 가장 빛나는 순간은 11월 중순 맑은 날 오후 네 시 반경이다. 은행나무는 물들고 나서야 그 존재감을 드러낸다. 늦가을 오후, 햇빛이 은행잎을 지나 박물관 옆면을 물들이고 있으면 이게 참 기가 막힌다. 밑에서 지붕의 처마를 올려다보면 은행나무로 인해 생긴 그림자가 신기하게도 빗살처럼 보인다. 박물관 창문도 따스함으로 물들어 간다. 며칠 못가 떨어지고 나면 일 년을 기다려야 한다. 하지만 일 년 뒤 다시 볼 수 있다니 얼마나 다행인가. 많은 것들이 결국 찬란하다 퇴색하고 떨어지고 사라진다. 그러니 마음을 어지럽히는 것들에 너무 마음 쓰지 말아야지. 그저, 지금 아름다운 순간을 기꺼이 기뻐하고 즐겨야지.

세 정거장 전인 버스를 기다리며
: TAK!

턴테이블이 돌아가며 흘러나오는 음악이 참 좋았다. 오늘따라 가는 곳마다 하나같이 음악이 다 좋다. 혼자 하는 여행이라서 그런가? 대화할 상대가 없어서 온전히 그 공간에 집중하다 보니 음악이 귀에 잘 들어와서 그럴 수도 있었겠다. 말보단 음악으로 기억하는 것들이 많은 여행도 있다. 손님도 없는데, 구석진 자리를 좋아하는 사람은 구석 자리에 앉아 서서히 어두워져 가는 시간을 즐겼다.

카페가 문을 닫을 시간이었다. 더 이상 손님이 오지 않을 것 같다는 듯 가게 안을 바삐 정리하는 직원들의 시선을 모른척하다가 "5분 뒤에 저희 문 닫아요~"라는 말을 듣고 나서야 비디오테이프가 늘어진 것처럼 천천히 화장실도 다녀오고, 꼼꼼히 비누로 오래도록 손을 씻고 향이 좋은 핸드크림도 바르고 주섬주섬 짐을 챙기는 진상 손님. 짐이라고 해봐야 테이블에 올려둔 카메라와 휴대폰, 그리고 시장에서 산 김밥과 옥수수가 전부지만.

"다음에 또 올게요.
너무 맛있었어요!"
인사를 하고, 역으로
가는 버스를 타러 걸
어가는 길.

집에 있는 남편과
애들 주려고 산 거라
지만, 오로지 내가 좋아하는 우엉 김밥과 옥수수가 담긴 까만 비
닐봉지를 든 손끝이 시려왔다. 괜히 들고 왔나 싶었던 머플러 대
신 목에 두른 파란색 니트는 '괜히' 대신 '잘'로 바뀌었다. 아무도
없는 버스 정류장에 앉아 가방에 수평을 맞춰가며 비닐봉지를 집
어넣었다. 아는 곳인데 어두워지니 낯설었다. 주변에 뭐가 있는
지 다 아는데, 처음인 양 괜히 한번 둘러봤다. 어두컴컴해졌지만,
하늘엔 푸르스름함이 남았다. 하긴 아직 6시밖에 안 됐지. 가로
등 불빛에 노란색 두어 방울쯤 섞은 듯한 연두색의 은행나뭇잎이
눈에 띈다.

내가 사는 동네에 은행잎들은 얼마 전 내린 비에 죄다 떨어졌는
데. '가을'이라는 단어가 나오는 순간부터 가을이 가는 게 아쉬운
사람은 애인을 군대에 보내는 심정으로 깊은 한숨을 내쉬었다.
아직 떨어질 기미가 없어 보이는 경주의 은행나무 이파리들은 타
임머신을 타고 되돌아가 두 번의 가을을 맞는 기분이 들게 했다.

집으로 가는 마음이 아쉽지 말라고 그런가? 거의 다 떨어지고 바닥만 노랗게 물들어 있었던 작년 가을 경주. 그땐 늦게라도 보여줘서 고맙다고 했는데.

담아두고 쌓아둬 봐야 나만 무거워지는 말들과 마음은 경주의 은행잎들과 떨어지라며 그곳에 매달아 두고 왔다. 아니 두고 오고 싶었다. '털어낸다고 털어지면 그게 먼지지 마음이겠냐?' 머릿속으로 혼잣말을 해대며 실없이 웃었다. 경주 트래픽잼에 갇혀 계속 세 정거장 전인 버스를 기다리고 있었다.

성건동에 있던 TAK!은 봉황대 근처로 이전했습니다. 훨씬 더 근사해졌고, 훨씬 더 유명해졌어요. 웨이팅은 길어졌지만, 맛은 여전히 훌륭합니다.

경주 낭만

: 반월성

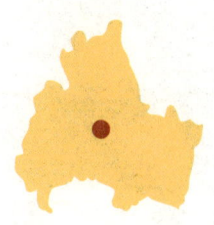

신발이야 어찌 되든 말든 상관없었다. 밟으면 파이가 부서지듯
바스락거리는 낙엽을 발끝으로 툭툭 차며 숲으로 들어갔다. 숲의
한가운데서 사방을 한 바퀴 빙 돌며 바라봤다. 마른 낙엽 냄새가
좋았다. 또 낙엽을 툭툭 차며 왕장골들이 보이는 성곽길로 향했
다. 커다랗다는 표현만으로는 부족한, 아름드리 팽나무들이 심어
진 길. 가을 해는 급히도 넘어간다. 그래서 가을도 급히 가는 듯
하다. 한껏 서쪽으로 치우친 가을 해 덕분에 왕장골을 쳐다보고
있으니 눈이 부시다. 눈부시게 아름다웠다.

반월성에서 경주박물관으로 넘어가는 길. 아는 사람만 아는 그
런 장소가 있다. 적절하게 자리를 마련해 둔 그곳은 해가 서쪽
으로 많이 기울었다 싶을 때쯤 가야 한다. 눈이 부셔, 한껏 오므
린 손을 이마로 가져가 그늘을 만들며 바라봐야 한다. 형산강으
로 흘러가는 작은 천. 햇빛을 받아 반짝이는 윤슬이 얼마나 예쁜

지 그 자리에 앉아본 사람만 안다. 왕장골들과 경주박물관을 잇는 월성교 위로 차들이 장난감처럼 지나가는 모습도 빼놓지 말아야 한다. 박물관에서 들릴 듯 말 듯 작게 퍼지는 종소리도 들어봐야 한다. 간혹 나보다 먼저 자리를 잡고 홀로 낭만을 즐기고 계시는 분이 있다면 기꺼이 기다려야 한다. 내가 좋아하는 풍경 속에 누군가 나 대신 바라보고 있으면 먹먹하게 기쁜 마음으로 그 장면을 담고 싶어진다.

혼자 온 여행자라면 양손으로 팔뚝을 부여잡고 이 자리에 앉히고 싶다. 코끼리를 생각하지 말라는 말을 듣는 순간 머릿속엔 코끼리가 빙글빙글 돌아가겠지만, 마음을 무겁게 만드는 생각들은 내려놓고 지나가는 차들과, 물 위에 둥둥 떠다니는 새들과 반짝이는 윤슬을 쳐다보라 말해주고 싶다. 감싸주듯 살짝이 부는 바람을 느껴보라 말해주고 싶다. 아름드리 팽나무들과 울창한 참

나무들이 바람에 흔들리는 소리를 들어보라 말해주고 싶다.

자주 한숨이 쉬어지는 삶이지만, 잠깐이나마 나를 위해 시간을 내어 정성스레 노닥거리는 낭만도 좋지 아니한가. 이곳은 경주니까.

반월성은 누군가에게는 도시락을 싸 들고 오는 소풍의 장소이고, 누군가에겐 간절함을 쌓은 장소입니다. 누군가에게는 첫 반월성이 경주에서 가장 좋아하는 장소가 될 수도 있고, 누군가에게는 좋아하는 자전거 코스, 산책 코스일지도 모릅니다. 누군가에겐 가장 찬란하게 아름다웠던 순간을 담은 곳이 되기도 합니다.

청미래덩굴

둥굴레

석류나무

타리

양녀총나무

나팔꽃

담광나무

측백나무

170

경주의 순간

- 마음이 잘 나을 수 있는 곳

: 경북천년숲정원

예쁘기로 소문난 거울숲의 외나무다리 말고,

도로를 사이에 두고 있는 건너편의 아름숲으로.

때론 사진이 잘 나오는 곳 말고, 마음이 잘 나을 수 있는 곳으로.

계절 앞에 서서 풍덩 빠질 마음으로 바라보고 있는 사람들의

뒷모습이 좋다.

그리고, 이렇게 예쁘게 계절을 수집해 다른 이에게 알려주는

마음도 좋다.

그거면 충분하지

: 오미손칼국수

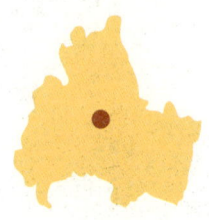

　어스름한 가을 저녁, 몇 번을 지나친 길인데, 그제야 눈에 띈 '오미 손칼국수'. 간판만 봐도, 외관만 봐도 알 수 있었다. '아. 여긴 맛집이구나!' 그때도 문에 걸려 있던 '재료소진' 팻말. 여행은 거창할 필요가 없다고, 내일은 꼭 이 집에서 칼국수를 먹자고, 그게 내일 우리의 유일한 계획이라고 친구와 떠들었는데.

　'재료소진' 지금 눈에 보이는 저 단어가 진짜란 말인가? 어제부터 여길 오겠다고 천년숲정원도 대충 보고, 버스에서 내리자마자 뛰다시피 왔건만. 굳게 닫힌 문을 부여잡고, 불이 켜진 가게 안을 문틈 사이로 들여다봤다. "어. 어. 손님이 있어!" 다급히 옆문으로 돌아가 문을 당겼다. 어, 문이 열린다. 혹시나? 간절한 눈빛으로 바라보는 우리를 향해, "끝났어요. 팔 게 없다. 재료소진이에요" 하며 손을 휘휘 내저으신다.

　"저희 오늘 꼭 먹어야 해요. 멀리서 왔는데, 그냥 되는 거 아무 거나 해주시면 안 될까요?"

　무슨 칼국수 한 그릇 먹자고 여기까지 왔냐는 표정이었지만, 매몰차게 내치진 않았다. 남은 반죽을 긁어모아도 수제비와 얼큰 칼국수만 겨우 될 거라며 빈자리에 앉으라고 하셨다. 작은 가게 안, 꽉 차 있던 아저씨들(정말 가게 안은 아저씨들만 계셨다)의 시선을 한껏 받으며 자리에 앉았다.

　반찬은 단출했다. 김치와 단무지가 전부지만 직접 담근 김치는 시원하고 맛있었다. 얄포름하고 부들부들한 수제비엔 국물 맛이 잘 배어 있고, 반 숟가락 정도 넣은 양념간장은 슴슴한 멸치 육수의 부족한 간을 꽉 채워줬다. 김치의 존재가 슬며시 느껴지는 얼큰 칼국수엔 콩나물도, 황태도 들어있었다. 이건 딱, 해장용이다. 그런 내 표정을 읽으셨는지 얼큰 칼국수가 입에 맞냐 물어보신다. 더 맛있게 먹으려면 술 마신 다음 날 와야겠다고 답하니, "맞아요. 울 아버지가 술 드시면 맨날 엄마한테 김치 넣고 해장국 끓여주라고 한 게 그거예요" 메뉴 탄생의 비화에 같이 웃다 보니, 술도 안 마신 속이 풀어지는 기분이었다.

가게를 꽉 채우던 손님이 썰물처럼 빠져나가고 가게 안엔 우리만 남았다. 양해를 구하고 불을 끄는 아드님. 안 그러면 손님이 계속 온다고 하셨다. 우리가 있는 동안에도 몇 분이나 그냥 돌아가셨다. (다들 단골인 듯 옆문으로 들어오셨다) 어딘지 선택받은 자들 같았다. 우린 열심히 먹고, 두 분은 열심히 정리를 하셨다. 먹다 보면 진심으로 튀어나오는 "맛있어요"라는 말에 "고마워요"라는 대답은, 진짜 맛있고 내가 더 고맙단 말로 더해졌다. 원래는 반죽이 떨어질 시간이 아닌데, 내일이 수능이라 일찍 끝난 학생들이 우르르 몰려와서 그렇다고 했다. 요즘 같은 시대에 5,500원짜리 칼국수를 파는 집. 30년, 우르르 몰려오던 학생들은 어른되고, 젊었던 어른은 이제 어르신이 되어 다시 찾는다. 그 세월은 손님뿐만 아니라 사장님에게도 흘러, 저녁 장사는 접고 점심 장사만 하게 만들었다. 변하지 않는 건 맛뿐이려나? 거창할 필요 없다던 여행은 칼국수 한 그릇에 특별해졌다.

바우식당[5]처럼 어느 날 다시 왔을 때 주인이 바뀌어 있거나, 아드님만 계시면 어쩌나 걱정하면서도, 술술 들어가는 수제비와

---

5) 원주 흥업면에 있는 필자의 최애 백반집.

칼국수를 국물까지 다 마시고 건강하시란 인사를 하며 가게를 나왔다.

"너무 맛있게 잘 먹었어요! 다음에 꼭 다시 올게요."

그 맛과 따뜻함이 생각나, 겨울에 다시 찾은 식당. 문도 열기 전에 도착해 기다리다가, 문이 열리자마자 들어갔다. 반가움에 인사를 했지만, 두 분은 나를 기억하지 못했다. 당연한 일 아닐까. 자주 오는 단골도 아니고 겨우 한번 왔다 간 손님을 기억하는 게 이상하다. 장사를 하며 누구에게나 베푸는 친절이 여행자에겐 특별함으로 다가왔을지 모른다. 착각은 나의 몫이니, 내 맘처럼 반가워하지 않는다고 서운해할 필요는 없었다. 장황하게, 지난가을에 왔었는데 그 맛이 그리워 다시 찾아왔노라 설명해도, 또다시 얼큰 칼국수의 탄생 비화를 들려주는 아드님께 이미 알고 있다고 말해도 뜨내기손님이었던 나를 기억하진 못했다. 그 자리를 지키고 있는 분들은 여행자의 "다시 올게요"라는 말의 가벼움을 안다. 뭐가 중요한가? 그 당시 그 마음에 내 맘도 몽글해졌다면, 그래서 나의 여행이 조금 더 행복해졌다면 그걸로 충분하지. 경기도에서 칼국수 하나 먹으러 여기까지 온 별난 손님을 다음번에도 기억하진 못하겠지만, 계산하려는 순간 "멀리서 왔는데 차비라도 빼줘야 하는 거 아닌가~?"라는 꽉 찬 빈말에 행복해졌으니, 이번엔 이거면 충분하다.

사진 찍어 드릴까요?

: 노서리 고분군

"두 분 찍어 드릴까요?"

"그쪽보다는 이쪽에서 찍는 게 더 예뻐요~"

남의 일에 별로 관심이 없지만, 사진을 찍고 있는 사람들을 보면 오지랖이 발동한다. 낯가림도 심하면서 어디서 샘솟는 용기인지 그땐 잘도 말을 건넨다. 노서리 고분군, 바람을 들을 수 있는 자리. 그곳에 앉아 있으면 간간이 사진을 찍으러 오는 사람들과 마주한다. 혼자 즐기는 사람에겐 최대한 신경 쓰지 않으려 노력한다. 나와 비슷해서 그 시간이 귀중한 그들. 주로 오지랖이 최대치를 보일 땐, 어머님들께서 사진을 찍고 계실 때. 한 명씩 돌아가며 서로의 사진을 찍어주지만, 단체 사진은 셀카봉에 의지하는 경우가 대부분이라 붙여 놨던 엉덩이를 떼고 어슬렁어슬렁 다가간다.

"찍어 드릴까요?"

"어머~ 고마워요~ 야야 찍어주신대. 모여 봐봐."

"찍습니다. 너무 예쁘셔요! 하나, 둘, 셋! 한 장 더 찍을게요. 하나, 둘, 셋!"

"아가씨도 한 장 찍어줄까요?"

이미 애 엄마인 걸 눈치채셨으면서도 마흔이 훌쩍 넘었다고 하면 그리 안 보인다며 너스레를 떠실 땐 같이 너스레를 떤다.

경주엔 유난히 부부끼리 오신 분들도 많다. 어딘지 부모님 생각이 나, 그런 분들에게도 오지랖을 부린다. 따로따로 찍고 계시면 또 어슬렁어슬렁 다가가 한마디 건넨다.

"두 분, 찍어 드릴까요?"

나의 오지랖에 거절하는 분들은 거의 없다. 다들 휴대폰을 기꺼이 건네주며 행복하고 즐거운 시간과 공간 앞에 멈춰 선다.

"좀 더 가까이~ 손도 좀 잡으시면서. 좋아요~ 얼굴도 한 번 쳐다보고!"

"손잡으라잖아~ 웃으라잖아~ 나 좀 봐봐."

"에이. 아버님 좀 더 박력 있게! 아 이쁘다!"

숨을 쉬듯 사진을 찍어대는 시대지만, 누군
가의 사진을 찍어주고 그 누군가와 같이 사진
을 찍는다는 건, 그 사람과 함께하는 순간을
기억하고 싶어서가 아닐까? 사진 속 내 모습
이 너무 못생겨서 어느 순간 사진을 잘 찍지
않지만, 가족 혹은 친구들과의 여행에선 그런
얼굴이라도 함께한 순간들을 사진으로 남겨
놓고 싶어진다. 물론, 실물보다 더 잘 나온 사
진은 더 오래 간직되고 어딘가에 올리게 되지

만. 뭐 어쨌든 휴대폰을 건네받고, 사진을 확인하며 짓는 표정은
사진이 잘 나왔든, 못 나왔든 크게 상관없는 표정이다. 붙잡고 싶
은 순간들, 함께하고 있는 사람들. 그거면 충분하다는.

한번은 힙한 커플이 노서리 고분군에서 사진을 찍는데 남자분
이 여자친구 사진만 계속 찍고 있었다. 그곳은 어느 방향에서 찍
느냐에 따라 느낌이 많이 달라지는지라 또 오지랖이 발동해서 눈
치를 보다 다가가 말을 걸었다.

"이쪽에서 찍는 게 더 예쁜데, 두 분 찍어 드릴까요?"

"오빠~ 사진 찍어주신대. 나만 찍지 말고 우리 같이 찍자."

"아니요. 괜찮습니다."

가끔은 이렇게 거절당할 때도 있다. 민망하지만 괜찮다. 좋아하는 사람을 내 시선으로 담고 싶은 그 마음을 나도 잘 아니까. 여전히 열심히 여자친구 사진을 찍어주는 남자. 고분들 사이를 한 바퀴 돌아 다른 곳으로 가려는데 그 커플이 내가 말한 방향에서 사진을 찍으며 웃고 있다.

"사진도 잘 찍을 것 같은 사람한테 부탁해야지. 저기 우리 사진 좀 찍어줄 수 있어요?"

어떨 땐, 이렇게 나를 불러 사진 좀 찍어 달라는 분도 있다. 손

에 달랑달랑 들고 다니는 카메라는 나를 그럴듯한 사람으로 만들
어 주나 보다. 화면 속 사람들의 하트도, 브이도, 웃음도 내 아이
처럼 사랑스러워 보인다. 그 순간이 오래도록 남아 있길 바라며
사진을 찍는다. 좋았던 시간은 봄꽃처럼, 낙엽처럼 빠르게 흩어
진다. 그래서 순간이라 표현한다. '좋았던 영원'은 없지 않은가?
그 순간을 영원처럼 남기고 싶어 사진을 찍는 그 마음에 내 작은
오지랖을 보태본다. 찰나를 영원으로 만드는 기분으로.

경주의 순간 - 첨성대의 파리

: 첨성대

첨성대를 둘러싸고 있는 둥근 공터, 계림과 동굴과 월지로 가는 갈림길에서 동굴과 월지 쪽으로 20미터쯤 걸어가다가 첨성대 쪽을 바라보면 모과나무 한 그루가 보인다. 나무 양옆으로는 벤치가 있다. 가을엔 노랗게 익은 모과들이 주렁주렁 달리는 것도 좋다. 나무 기둥에 세로로 긴 굴곡들이 있는 것도, 어딘지 단단하고 매끄러운 나무껍질도 마음에 든다. 양옆으로, 그리고 위로 균형감 있게 자란 모습도 좋다. 파리의 어느 공원 같다며 호들갑을 떨었지만, 정작 파리엔 가보지 못했다.

속도

: 반월성

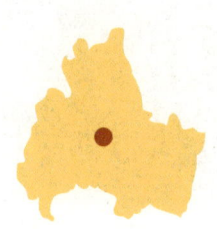

불국사에서 버스를 타고 경주 시내로 넘어오는 길. 짧은 1박 2일 여행에서도 돌아가는 날 날씨가 좋아지는 건 세상 이치라는 듯 하늘 끝 쪽이 파래지고 있었다. 파란색이 꼭 가야 한다는 신호처럼 느껴졌다. 마음은 이미 반월성으로 내달리고 있는데, 족저근막염이 도진 남편에게 차마 가잔 말을 꺼내지 못하고 하늘만 쳐다보며 그곳의 가을은 어떨지 상상하고 있었다. 지금은 타실라가 있어서 자전거를 타면 금방이지만, 그땐 반월성에서 봉황대까지 가는 길은 버스를 타기도 택시를 타기도 애매한 거리라 걸어가야 했다.

이런 내 마음을 알아차리기라도 한 듯 "난댕(나의 별명), 어디 가고 싶다고 하지 않았어?"라고 묻는 남편. 그래, 이래서 내가 너랑 사는 건가 봐. 최대한 걱정되는 표정으로 걸어도 괜찮겠냐고 되물었다. 아직 아프지만 괜찮다는 말에 그를 데리고 동굴과 월지 앞에서 내렸다. 보여주고 싶었다. 이곳이 내가 경주에 오는 이유

라는 걸. 자랑하고 싶었다. 반월성이 얼마나 예쁜지를. 팔불출이
마냥 신나서 여기저기 설명하며 반월성으로 올라갔지만, 실은 한
번도 보지 못한 그곳의 가을이 너무너무 궁금했다.

　내가 봄에 봤던 그 낙엽들은 가을에서부터 시작되었구나. 온천
지 가을로 범벅이 된 반월성. 참나무숲 바닥을 빼곡히 뒤덮은 낙
엽 위로 행복한 괴성을 지르며 내달렸다. '또 시작이군' 하는 표정

으로 그는 천천히 뒤따라왔다. 이리저리 뛰어다니다 그에게로 돌아가 물었다.

"너무 좋지?"

"…가을이네."

세상 신난 목소리로 묻는 내 얼굴에 차마 아니란 말은 못 하겠다는 표정으로 나름 최선을 다해 답하는 사람과 나는 살고 있다. 하하하. 그나마 그가 반월성에서 유일하게 관심을 보인 건 석빙고 정도. 석빙고 따윈 안중에도 없는 나는 또 춤을 추듯 투스텝으로 좋아하는 언덕길을 지나 봄이면 세상 가장 아름다운 벚꽃이 피는 그곳으로 내달렸다. 석빙고를 보던 그는 아까처럼 '쟤 또 신났네'라는 표정으로 뒤따라왔다.

내가 상상한 그대로 가을이 그곳에 있었다. 봄이 돼도 이 낙엽은 그대로 남아 있겠지. 정강이까지 오는 낙엽을 밟고 벚꽃을 보던 그때처럼 눈에 담고 카메라에 담느라 나는 멈춰 섰다. 낙엽은 낙엽일 뿐인 그는 계속 걸어 첨성대 쪽으로 가고 있었다. 나의 반월성 자랑은 내 눈에만 이쁜 내 새끼가 돼버렸네.

'나만 신나서, 당신의 족저근막염 따위 석빙고마냥 안중에도 없어서 미안. 그래도 덕분에 이렇게 잠깐이라도 볼 수 있어서 나는 참 행복했어!'

짧아서 애틋했던 늦가을의 반월성. 우렁찬 목소리로 "신랑!!! 같이 가!!"를 외치며 앞선 그를 향해 뛰어가다가도 자꾸 뒤돌아 쳐다보며 사진을 찍었다. 같이 가자고 불러놓고 오지도 않는 나를 저만치 가던 그는 서서 기다려 주었다.

언젠가 노서리 고분에 앉아 바람 구경을 하고 있었다. 껄껄껄 웃음소리를 내며 지나가시는 어르신 두 분. 한 분은 자전거를 타고, 한 분은 걸어가고 계셨다. 자전거는 천천히, 걸음은 빠르게 서로 맞춰가며. 흐뭇하게 쳐다보는데, 자전거를 타고 가던 어르신이 자전거에서 내려 천천히 끌고 가신다. 두 분의 걸음은 다시 느리게 맞춰졌다. 맨날 껄껄껄 할 순 없겠지. 투덕거리기라도 하면 화가 나서 쌩하니 자전거를 타고 가버릴 수도 있고, 걷다가 우두커니 멈춰 서버릴지도 모른다. 그러다가도 언제 그랬냐는 듯 느리고 빠르게, 빠르고 느리게 맞춰 나가시겠지.

　우리도 여전히 둘만의 속도를 찾고 있는 중이라 당신이 내달릴 때 나는 주저앉아 쉬고 싶기도 하고, 내가 내달릴 때 당신은 걷고 싶을지도 모른다. 앞서서 기다려 주기도 하고, 뒤에서 바라봐 주기도 하다가 같이 달려주기도 하면서 살았으면 좋겠다. 같이 웃고 싶어지는 껄껄껄 웃음소리를 내며 말이지.

남편은 경주에 다시 가고 싶은 생각은 없다고 했는데, 얼마 전 쑥갓을 산처럼 올려주는 엄청 맛있는 비빔 칼국수 얘길 했더니 "한번 가볼까?" 하네요. 아, 그 비빔 칼국수를 파는 집은 불국사터미널 근처에 있는 부산손칼국수입니다.

관점

: 도미

첨성대까지 앞서가던 그가 한 나무 앞에 서 있다. 반들반들한 나무 기둥을 만지며 내게 물었다.

"모과나무는 줄기 껍질이 맨들맨들하네?"

"원래도 좀 그렇긴 하지만, 사람들이 자꾸 만져서 더 그렇지."

이해가 간다는 표정으로 눈을 동그랗게 뜨고 고개를 끄덕인다. 덕분에 이곳에 모과나무가 있다는 걸 알게 됐다. 괜히 나 때문에 많이 걷게 한 것 같아 미안한 마음에 엄청 맛있는 피자를 먹으러 가자고 재촉했다. "별로 배 안 고픈데"라며 계속 모과나무를 쓰다듬고 있는 그를 잡아끌고 도미(Domi)로 향했다. 줄을 서면서까지 무언가를 먹는 걸 그다지 좋아하지 않는, 더군다나 배도 별로 고프지 않은 그래서 대기 줄이 길면 어쩌나 조마조마했는데, 다행히 기다리는 손님도 없고 가게 안도 한산했다.

"여기 피자도 맛있고, 샥슈카도 맛있어!"

"샥슈카가 뭔데?"

"'에그 인 헬' 알아?"

"몰라."

"아~ 그냥 먹어봐. 맛있어."

자세한 설명 없이 맛과 감정에 호소하는 내가 이해가 안 된다는 그의 표정이 재밌다. 일부러는 아닌데, 나랑 대화를 하면 자주 그런 표정을 짓는다. 샥슈카에 대한 설명이 쓰여있기라도 한 듯 그는 메뉴판을 정독하고, 나는 창문에 붙어 있는 필름을 찍는다. 지난번엔 물을 가져다주셨는데, 셀프로 바뀌었나 보다. 그 정도는 수고스럽지 않은 일이라 워터저그에서 물을 받으려는데 잘 나오지 않는다. 엄한 꼭지만 눌렀다 놨다가 하는 나를 보던 그가 조용히 워터저그의 닫혀있는 뚜껑을 열어준다.

"어! 잘 나온다."

"압력 때문에 그래."

나도 공대 나온 여잔데. 그 '공'은 '빌 공(空)'이었나? 주문한 청귤 에이드가 나왔는데, 꽂아준 빨대가 떠오른다. 다시 잘 넣어도 자꾸 떠오르는 빨대가 불편한데, 그는 이건 아무렇지 않나 보다. 지난번 아이들과는 고르곤졸라를 먹었는데 이번엔 마르게리타 피자를 주문했다. '칠리 솔트'라는 못 보던 것을 같이 주셨다. 그는 그걸 집어 들고 정독하고, 나는 피자에 먼저 손을 뻗었다. 어느 정도 먹다 보니 샥슈카가 나왔다. 멀뚱히 쳐다보던 그가 어떻게 먹는 거냐고 물었다. 뜨끈한 도미 빵을 찢어 샥슈카에 적셔 먹

거나, 빵 위에 얹어 먹으라고 말해줬다. "으~ 맛있다" 한입 먹고
는 맛있다고 호들갑 떠는 나완 다르게, 쉽게 감동하지도 쉽게 실
망하지도 않는 그는 살짝 웃으며 "괜찮네" 한다. 그게 꽤 맛있단
표현이란 걸 아는 내가 신기하다. 같이 산 세월을 무시하진 못하
겠군. 그래도 좀 같이 맞장구쳐 주면 큰일 나나 싶다. 20년 동안
내가 먹는 걸 봐왔으면서도 여전히 신기하다는 듯 나를 보던 그
가 괜찮다던 도미 빵을 내 앞으로 밀어 놔 준다. 그릇을 싹싹 비
운 나를 쳐다보며 "참 잘 먹어"라고 말한다. 이 말은 지금도 칭찬
인지 욕인지 모르겠다. 당신이 미웠다고, 당신이 낯설었다고, 나

한테 왜 그랬냐고, 지난밤 술주정을 부리는 나를 보던 그의 표정
이 지금 딱 이랬다. '나는 이미 다 풀린 지 오랜데, 난댕 혼자 아직
안 풀린 거잖아~ 인제 그만 풀어~'라던 그 표정. 나는 오해를 말

로 풀고, 그는 시간으로 푼다. 그걸 알면서도 아무 말 없던 그에게 약이 올랐고, 그걸 알면서도 풀린 걸 눈치 못 챈 나한테도 약이 올랐다. 피자를 다 먹고 버스 정류장으로 가려고 노서리를 지나가는 길, 작은 고분에 잘 익은 은행잎이 떨어져 샛노란 고분이 돼 있었다. 그가 자연스레 발을 멈춘다. "사진, 찍을 거잖아?" 별다른 표정 없이 툭 던진 말 같지만, 그가 나의 시선에서 바라봐 준 거라는 걸 안다. 이리 찍고, 저리 찍고, 저기 가서 찍고, 카메라로 찍고, 휴대폰으로 찍고 그러다 나도 찍어주라며 그에게 카메라를 건넸다. 하나, 둘, 셋도 없이 연사리(사진을 찍어 달라고 하면 연사로 마구마구 찍어줘서 붙인 별명)답게 찍어 놓은 수십 장의 사진. 그냥 셔터만 마구 눌러댄 것 같았는데, 나처럼 이리저리 이쪽저쪽에서 찍어 놓았다. 비록, 전혀 다른 관점이지만.

도미에서는 무슨 피자를 먹든 다음엔 다른 피자들도 꼭 먹어보자고 말하게 됩니다. 그러니 혼자보단 여럿이 가세요.

경주의 순간 - 샛노란 고분

: 노서리 고분군

경주의 유명한 빵집 데네브에서 노서리 고분군으로 들어가는 오솔길 왼쪽(월성초등학교 쪽)에 은행나무가 한 그루 있다. 나이가 엄청 많다거나, 엄청나게 크거나, 여러 그루가 심겨 있다거나 하지 않은, 관심을 두지 않으면 잘 모를 조금 큰 평범한 은행나무. 하지만 늦가을 노란 은행잎이 후두두 떨어지기 시작하면 빛을 발하는 나무다. 바로 옆 다른 고분들에 비해 크기가 작은 무덤을 은행잎들이 뒤덮으면, 다른 고분과는 다른 노란빛의 무덤으로 바뀌게 된다. 겨울 준비를 하느라 누렇게 변한 고분과 은행잎이 뒤덮어 샛노래진 작은 고분이 겹치며 만들어 내는 장면은 짧은 가을 아주 잠깐만 볼 수 있는 경주만의 풍경이다.

4부

어게인
희, 로, 애, 락, 겨울

winter

황리단길 초입에서 골목으로 핸들을 틀었다. 앞서가는 어르신의 뒷모습이 석양에 빛이 났다. 신식 자전거인 듯, 페달도 구르지 않고 유유히 미끄러지 듯 꺾어진 골목으로 사라지셨다. 차가 다닐 수 없는 골목들을 자전거로 거침없이 달리다가 마주한 삶과 업이 공존하는 길. 사람이 살지 않는 어느 집 산수유의 꽃봉오리는 꽃살이 올라 있었다.

어게인 경주

: 월정제과

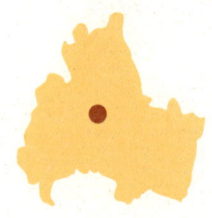

"뭐 먹고 싶어?" 내 물음에 아이들이 웃음을 터트리며 되묻는다. "어게인 맥도날드?"

버스에서 내리자마자 뜨거웠던 날씨 얘기를 할 만큼 강렬했던 그해 여름의 경주. 이제 '노키즈 존'은 프리패스가 될 만큼 커버린 아이들과 겨울이 되어 다시 왔다. 저녁마다 복숭아와 간식거리 사러 뻔질나게 드나들었던 하나로마트, 경주의 더위에 기겁한 우리에게 작은 천국이 되어 주었던 도서관. 지나고 보니 '여름방학'이란 단어처럼 뜨거움은 가시고 즐거움만 남아, 깔깔대며 그 여름을 추억했다.

"저게 뭐야?"

아이의 물음에 금관총이 보이는 골목 입구에 세워진 홍살문도, 길옆으로 있는 동물 조각상들도 이제야 눈에 들어왔다. 스무 번은 넘게 걸었을 길이니 보기는 했을 텐데, 머리엔 남아 있지 않았다. 처음 읽어보는 홍살문 안내판. 초가지붕이 옹기종기 모여있

는 옛 봉황로의 모습에서 알 수 있는 건 이 홍살문뿐이다. 이것도
일제 강점기에 도로를 넓힌다는 이유로 남문과 함께 철거되었다
가 2010년에 복원된 것이라고 했다. 홍살문 근처에 있는 '토우들
의 합창'이라는 석조물은 기억나지만, 조막만 한 크기의 진품이
국립 경주박물관에 전시되어 있다는 것은 이번에 알았다. 아이들
이 어렸을 땐, 뭐라도 알려주고 싶은 마음에 안내판을 읽어가며
설명을 해주고, 아이들의 시선이 닿는 것들에 관심을 쏟으며 함
께 알아봤는데. 아이들의 관심이 점점 다른 곳을 향하다 보니, 내
시선도 점차 다른 곳을 향했다.

　뒤태만 봐도 알 것 같은 살찐 고양이, 에일리언 같은 토끼와 의외의 나무늘보까지. 아이들과 석상만 보고 무슨 동물인지 맞히며 걷다 보니 어느새 카페에 도착했다. 매번 혼자 오면서 다음엔 꼭 애들이랑 같이 와야지 했었는데. 이번에도 영상으로 남겨보겠다며 휴대폰을 들고 있는 나에게 전처럼 얼굴을 내어주지 않는 아이들이 "엄마, 이 케이크 진짜 맛있다~" "엄마, 여기 바닐라 라떼 맛있어!"라며 웃는 눈은 가리고, 조잘대는 입만 보여준다. 핫초코만 찾던 아이들은 이젠 커피도 마실만큼 많이 컸다. 많이 큰 만큼 같이 앉아 있어도 각자 다른 시간을 보내느라 말이 없어진 우리. 그런 시간을 꿈꿨는데, 막상 그런 시간이 오니 내 얼굴을 빤히 쳐다보며 쉴 새 없이 조잘대던 그때가 그리워진다.

화장실에 가고 싶다는 이베슈에게 위치를 알려주려고 카페 뒤뜰로 나갔다. 아이를 기다리는데, 화장실 앞에 있는 커다란 나무가 유칼립투스라는 걸 이제야 눈치챘다. 꽃다발이나 화분에서만 보던 식물이 꽃가게도 식물원도 아닌 경주의 한 카페 뒤뜰에, 그것도 겨울에, 푸릇하고 씩씩하게 자라고 있었다. 여길 몇 번을 왔는데, 도대체 나는 눈을 어디에 달고 다녔나. 홍살문에 동물 석상, 유칼립투스도 못 보고 다닐 만큼 다른 무언가에 정신을 판 여행을 하고 다녔나? 아마도 혼자 왔다면 또 모르고 지나쳤을 텐데, 아이들의 시선에, 아이를 기다리며 천천히 둘러보는 나의 시선에 그제야 눈에 들어왔다.

누군가 내게 물었다. "경주를 그렇게 가고도 또 볼 게 있어?"라고. 그렇게 가고도 지나치는 것들이 이렇게나 많은데? 그러니 어게인, 또 어게인, 계속 '어게인 경주'할 수밖에.

초여름엔 빨간 앵두가 열려요. 빵도 케이크도 맛있고 가격도 이뻐요.

바람 부는 감포에서

: 감포항, 송대말등대

　강풍주의보가 무색하게 따뜻하다 싶었는데, 건물이 바람을 막아주는 곳만 따뜻할 뿐이었다. 건물이 없는 곳은 거침없이 드나드는 바람에 춥다 못해 가슴까지 시렸다. 콧물을 훌쩍이면서도 작은 배들이 정박해 있는 바닷가 풍경에 나는 또 "좋다!" 소리만 해댔다. 바닷물에 반사된 빛이 뱃머리 밑에서 춤을 췄다. 나처럼 이쁘다고 방방 뛰는 둘째와는 다르게, 율인 남편이 빙의된 듯 '음. 그렇군' 하는 표정이다. 일하는 분들이 쉬려고 가져다 놓은 낡은 소파에 마음이 뺏기는 나와 그 소파에 앉아 바다를 보는 이베슈. 한 걸음 뒤에서 그런 우리를 쳐다보는 율. 달라서 좋을 때도 싫을 때도 있지만, 이날은 유난히 더 말이 없었다. 그래도 오랜만에 보는 바다가 반가운지, 바람이 잠잠한 곳에서 한참 동안 바다를 보고 있었다.

　버스에서 내릴 때부터 우리와 같은 방향으로 걷고 계신 할머니가 자꾸 신경 쓰였다. 꽤 먼 거리, 비닐봉지를 움켜쥐고 이 손으

로 들었다가 저 손으로 들었다가 하며 걷고 계셨다. 등대로 올라
가는 오래된 골목길 초입, 이번에도 할머니는 우리와 같은 방향
이었다. 안 되겠다 싶어 다가가 여쭤보니, 등대 너머의 아랫마을

에 살고 계신다고 하셨다. 농협에 다녀오는 길인데 택시는 잡히질 않고, 큰길엔 차가 많이 다녀 이쪽으로 가신다는 할머니. 손에 들고 계신 까만 비닐봉지가 유난히 무거워 보였다. 율이에게 "할머니 짐 좀 들어드려"라고 말하니 선뜻 건네주셨다. "이게 무거워서 이 손으로 들었다가 저 손으로 들었다가 했는데 고마워요"라는 말에 아니라며 빙그레 웃는 율. 느릿느릿 함께 오른 오르막길 끝. 등대로 가는 길과 저 너머 마을로 가는 길의 갈림길에서, 집까지 가져다드리고 싶었지만 부담스러우실까 봐 조심스레 봉지를 돌려드렸다. 고양이를 구경하다가 뒤늦게 뛰어온 이베슈가 "안녕히 가세요!" 헐떡이며 꾸벅 인사를 건넸다.

　햇볕이 내리쬐는 언덕에 있는 송대말등대. 평일이라 사람이 없나 싶었는데, '월요일 휴관'. 문은 굳게 닫혀있지만, 등대에서 보는 풍경만으로도 충분해서 아쉽지 않았다. 바로 밑 바위엔 파도가 제법 세차게 치고 있지만, 저 멀리 수평선 가까이 하얗게 빛나는 윤슬은 평온하기만 했다. 밑으로 내려갈 수 있는 계단이 있는데, 파도가 센 날엔 출입 못 하게 막아놓나 보다. 등대가 문을 닫은 것보다 이게 더 아쉬웠다. 마음만 먹으면 등대 옆으로 내려가 바위를 타고 갈 수 있었다. 남편이랑 같이 왔다면 그는 분명 그리했을 테지만, 나는 그냥 위에서 내려다보는 걸로 만족했다. 돌 보기를 꽃같이 하는 그의 딸들답게 아이들은 등대 옆 바닷가로 내려가 돌을 줍고 있다. 여긴 바람길인지 세차게 부는 바람에 계속 눈물이 나왔다. 줄줄 흐르는 눈물을 닦으며 바다를 쳐다보는데, 바람 때문에 우는 건지 너무 예뻐서 우는 건지 모르겠다.

그곳엔 우리 말고 한 사람이 더 있었다. 커다란 대포 카메라를 삼각대에 설치하고 때를 기다리던 분. 강풍주의보가 내려져서 파도치는 감포 바다를 찍으러 오셨다고 했다. 하지만 만족스러울 만큼 세차게 불지 않아 좀 더 불어줬으면 좋겠다고 하셨다. 나는 바다에 만들어 둔 축양장의 허물어진 벽 위를 걸어보고 싶었기에 바람이 좀 잠잠해지길 바랐는데. 안타깝게도 바람은 고만고만하게 불어 아저씨의 바람도, 나의 바람도 이루어지지 않았다.

주머니 불룩하게 돌을 한가득 주운 아이들을 불렀다. "이제 그만 가자~" 파도에 쓸려 동글해진 유리 조각을 보물인 듯 자랑하는 아이의 눈이 윤슬처럼 빛났다. 아빠에게 보여주겠다며 고이

주머니에 집어넣고 등대가 있는 곳으로 올라갔다. 오랜만에 본 바다에 아쉬움이 남은 우린, 반짝이는 감포 바다를 보며 한참을 서 있었다. '감'이란 글자를 말할 땐 입이 살포시 다물어졌다가, '포'라고 말할 땐 입이 동그랗게 오무라들며 작게 숨이 내쉬어진다. 반짝이는 감포 바다를 보며 '감포라 말할 때의 입 모양 같다'고 생각했다.

이젠 운영하지 않는, 한때는 부푼 꿈을 안고 열었을 숙박업소 옆 작은 텃밭에서 올라올 때 봤던 못생긴 고양이와 마주쳤다. 고양이를 따라가다가 양지바른 곳에서 수줍게 솟아 있는 어린 쑥을 만났다. 아까는 모르고 지나쳤던 매화나무에도 봉우리 끝이 하얗게 부풀어 있었다.

일제 강점기, 경주 감포항과 송대말등대 주변에는 문화재 약탈과 어업 활동을 위해 일본인들이 많이 거주했다고 합니다. 일본 고관들과 지역 유지를 상대하는 고급 요정뿐만 아니라, 요릿집도 즐비했다고 하네요. 등대 앞 바다를 콘크리트로 막아 축양장을 만들어 고기를 잡아 가두거나 키우기도 했으니, 일종의 횟집 수조였던 셈이죠. 현재는 그 축양장의 콘크리트 벽이 바위 사이에 남아 있어, 여름이면 스노클링의 성지가 된다고 합니다.

경주의 순간 - 감포항 고양이

: 감포항

겨울의 감포항구길. 한창 가자미를 말리고 있는 풍경 속에 고양이가 들어왔다.

"내 생선 훔쳐 가지 마! 이놈들아!!"

한쪽에서 자기네들끼리 천방지축 뒹구는 고양이를 야단치는 아주머니. 가게 앞에도, 건물 옆에도 널려있는 생선을 보고 어찌 고양이로서 가만히 있을 수 있을까 싶은데, 마음만 먹으면 펄쩍 뛰어 낚아챌 수 있게 걸어 둔 생선엔 관심이 없어 보이는 고양이들은 아주머니의 야단에도 제 놀기 바쁘다. 이쯤 되면, 빙 둘러 멸치를 넣은 바구니를 차 위에 올려놓은 건 고양이 주려고 올려놓은 건가 싶어진다.

아주 작은 카페

: 아르볼(árbol)

  식당에서 길 하나만 건너자 바로 해국길이 나왔다. 몇 걸음 올
라가지도 않았는데, 아주 작은 카페에 마음을 빼앗겼다. 이렇게
작은 카페가 계단 옆에 있는 것도 신기한데, 자리 잡은 형태로 보
아 꽤 오래된 건물인 듯했다. 낡은 출입문 유리창에 붙은 '짜이
개시'를 알리는 종이에 그려진 고양이 그림이 가게만큼 귀여웠
다. 연한 노란색 우체통 밑에 있는 고양이 비닐하우스에 아이들
의 마음은 이미 카페 안에 있었다. 조용히 혼자만의 시간을 보내
던 주인아저씨의 시간을 방해하는 건 아닌가 싶은 마음에 밖에서
기웃거리다가 용기를 내 안으로 들어갔다. 드립커피와 코코아를
주문하고 하나뿐인 테이블에 앉았다. 음악 소리도 들리지 않던
그곳엔 커피를 갈고, 물을 끓이고, 찻잔을 챙기는 소리와 소곤거
리며 대화하는 우리의 목소리만 들릴 뿐이었다. 아이들은 그림을
그리고, 나는 고개를 돌려가며 카페 안을 구경했다. 정적을 깬 건
주인아저씨 쪽이었다.

"자녀분들이 그림을 전공하나 봐요?"

애들의 나이를 오해하신 듯하다.

"아니에요. 그냥 그리는 걸 좋아해요."

"그럼 예술의 전당에 가보세요. 지금 초현실주의 그림들 전시 중인데."

안 그래도 가볼 생각이었는데, 누군가의 추천이 반가웠다. 옆에서 안 듣는 척하더니 다 듣고 있던 이베슈가 혼잣말인 듯 "아, 그런 거 관심 없는데. 지금 내 그림 그리기도 바쁜데"라며 중얼거렸다. 한마디 하려다 속으로 삼키며 웃어넘겼다.

마음을 뺏긴 건 카페의 겉모습만은 아니었다. 밖도 안도 주인아저씨와 닮았다. 사진 속 노란 대문과 밤하늘, 책장 아래, 벽 위의 고양이 그림도 좋았다. 알록달록한 실로 뜨개질한 고양이 러그 위로 따뜻한 햇빛이 비치는데, 정작 고양이는 보이질 않는다. 손때 묻은 카메라, 사진, 투박한 가구. 주인을 닮고, 담은 공간을 보니, 자꾸 잊혀 가는 나의 '만물상'이 생각났다. '나도 이런 공간을 만들고 싶었지.' 아쉬운 마음이 새어 나왔다. 뭐든 할 수 있을 것 같던 청춘이던 그때. 내가 만든 갖가지 물건과 그림과 요리를 파는 가게를 만들고 싶었다. 그래서 이름도 '만물상'이라 지어 놨는데. 아직도 그 생각엔 변함이 없지만, 나의 '만물상'은 여전히 생각 속에만 존재하고 있다. 가끔, '집을 그리 가꾸면 되지 않나?'라는 생각이 들긴 하지만, 집이란 내 취향만을 담기엔 가족 구성원

의 취향이 제각각인 데다가 다들 고집도 세다. 그리고 크다. 내가 감당할 수 있을 만한 작은 공간에 오롯이 내 취향과 내가 만든 것으로 채우고 싶다. "그러려면 갓생을 살아도 모자랄 판인데 이러고 있네~" 나도 모르게 혼잣말로 주절거렸다.

　주인아저씨께 이것저것 묻고 싶었지만, 마음과는 달리 선뜻 입이 떨어지지 않았다. 더욱이 엿듣는 귀가 둘이나 있어 접어두기로 했다. 그런 마음을 아셨는지 음악을 틀어주셨다. 온두라스 원두로 내려주신 커피 맛을 느끼기에 밥 먹고 씹은 껌의 향이 너무 짙게 남아 있어 다 마셔갈 즈음에야 희미하게 그 향이 느껴졌다. 아이들은 계속 그림을 그리고 나는 만물상에 대해 한참을 끄적이다 일어섰다. 이곳이 맘에 들었는지 "다음엔 꼭 친구들이랑 오고 싶다. 아! 그럼 너무 시끄러우려나?" 쑥스럽게 웃으며 말하는 아이의 말에 빙그레 웃으시는 아저씨. "또 올게요~"라는 가벼운 인사를 건네고 카페를 나서는데, 소란스레 이쁘다며 내려오는 어느 가족. 엄마는 이 작은 카페에 들어가 보고 싶은 눈치인데, 아무도 협조를 해주지 않는 듯했다. 해국이 일년내내 피어있는 계단을 올라 조용한 감포항을 내려다보고, 좁은 골목길을 걸어 내려와 다른 곳을 향했다. 아까 그 가족이 카페에 들렀길, 급히 마시고 나오더라도 엄마에게 잠시나마 행복한 시간이 주어졌길 바랐다.

아르볼(스페인어로 '나무'라는 뜻)에서 조금 더 들어가면 '다물은 집'이 있습니다. '적산가옥'은 보통 근대 및 일제 강점기에 일본인이 지은 건축물 중 일본식 주택을 뜻하지만, '적산(敵産)'이란 '적의 재산', 혹은 '적들이 만든'이라는 뜻으로, 말 그대로 '우리 땅에 남아 있는 적의 재산'을 뜻합니다. 일본인들이 뺏어 간 감포 주민들의 재산임에도 '적산가옥'이라 표현하는 게 너무 싫었던 『감포깍지길』의 저자 주인석 작가님께서 '원래 우리 것이던 것을 다시 찾은 집'이라는 의미를 담아 '다물은 집'이라는 이름을 붙이게 되었다고 하네요. '다물'은 '되찾다', '회복하다'라는 의미로, 고조선이 다스렸던 옛 영토를 되찾아 고구려를 건국하고자 하는 염원을 담아 연호를 '다물'이라고 불렀던 것에서 시작되었다고 합니다. 감포 가시면 이곳도 꼭 한 번 들러 보세요.

세상 쓸모없는 경험은 없어

: 경주 예술의 전당

아이들의 보이지 않는 덩굴손은 내 걱정과는 달리 제 커갈 자리를 알고 그쪽으로 뻗어 자란다. 믿고 기다려 줘야 하는 걸 알면서도 성질 급하게 안달복달하며 그 손을 잡아끈다.

카페에서 나와 나만 졸졸 뒤따라오던 이베슈가 물었다.

"우리 이제 어디 가?"

"미술 전시회 보러 갈 건데?"

"카페 아저씨가 얘기했던 그거? 관심 없는데."

그게 뭔지도 몰라 그거라고 하면서 보기도 전에 관심 없다는 아이. 귀에 이어폰을 꽂고 있는 율인 대꾸조차 없다. 어깨를 툭툭 치며 버스를 타고 가야 한다고 몸짓으로 얘길 했다.

전시는 4층. 표를 끊는 나에게서 멀찍이 떨어져 휴대폰만 보고 있는 아이들. 보이진 않지만 '전시에 관심 없음'이라는 말이 아이들 머리 위로 둥둥 떠다니는 것 같았다. 창밖으로 보이는 탁 트인 전경에도 아랑곳하지 않고 변함없는 자세로 앉아 있는 그녀들을 쳐다보다가 "나는 애가 중학교 2학년이 되는 순간 다짐했어. 애랑은 같이 여행 안 가기로"라던 친구의 말이 떠올랐다.

'좋아하는 것만 하는 것'과 '좋아하지 않은 것도 해보는 것' 중 어떤 것이 옳다 그르다는 판단을 할 수 없다. 나도 나이만 어른일 뿐, 처음 사는 인생이니 죽을 때까지 모를지도 모른다. 내 의지와 상관없이 먹어가는 나이에도 확실하게 알 수 있는 건, 세상 쓸모없는 경험은 없다는 것이다. 예술에 무지렁이인 나도 보다 보면 끌리는 작품이 있다. 잘 모르겠다 싶다가도 그 중엔 멈춰 서게 하는 작품이 한둘은 있다. 설령 마음에 드는 작품이 없어도 그림을 그리고 싶단 생각이 든다면, 어쨌거나 그 전시에선 얻은 게 있다고 생각한다. 집으로 돌아가고 싶게 추운 날, 관심도 없다는 애들을 데리고 여기까지 올 필요가 있을까 싶지만, 알려주고 싶었다. 가끔은 다른 사람의 말을 들어도, 관심 없는 전시에 가보는 것도 괜찮다는걸.

처음엔 어디 두고 보잔 마음으로 팔짱을 끼고 쳐다보고, 휴대폰에만 시선이 가던 아이들이 서서히 전시에 빠져들었다. 가까이 다가가 자세히 보다가, 멀리 떨어져 전체를 보기도 했다. 각자의 호흡과 시선으로 작품을 보다 보니, 어느새 서로 멀찍이 떨어져 있었다.

막스 에른스트의 '삶의 기쁨'을 보며 "이게 무슨 삶의 기쁨이야? 너무 암울하고 두려운데"라고 말하는 아이들. 언뜻 보면 초록이

무성한 식물을 그린 듯 보이는 그림은 시든 꽃, 낫 같은 다리를 들고 있는 사마귀, 날카로운 이빨에 입을 벌린 채 한 손으로 꽃을 움켜쥔 기괴한 생명체, 한 여자와 그 앞에 앉아 있는 알 수 없는 동물의 조각상을 발견하는 순간 더 이상 '삶의 기쁨'이 아니게 된다. 아이들은 그런 역설적 표현을 있는 그대로 느끼고 있었다. 살바도르 달리의 '바닷가재 전화기'를 스치듯 지나치는 나에게 "처음엔 실제 바닷가재를 사용해서 전시했대~"라고 말해주는 율. 덕분에 모르는 사실을 알게 됐다. 나는 잉크로만 스케치하듯 그려

낸 살바도르 달리의 '무제(인물과 배가 있는 구성)' 앞에 멈춰 섰다. 선의 강약과 밀도만으로도 느껴지는 생동감에 감탄하며 부러워했다. 관심 없던 이베슈는 누구보다 열정적으로 작품들을 감상했다. 조셉 코넬의 '무제(새장)' 앞에서 한참을 서 있고, 살바도르 달리의 '폭발하는 라파엘풍의 머리' 앞에서는 내가 오길 기다렸다가 "너무 대단하지 않아? 어쩜 이렇게 생각하고 표현할 수 있을까? 엄마는 어때?"라며 되물었다. 수박 겉핥기도 아닌, 멀리서 보기 정도였지만 100여 점이 넘는 초현실주의 작품들 속에서 아이들은 표현하는 방법도, 감정을 담는 방식도, 보는 사람의 시선도 다양하단 걸 배우는 것 같았다.

작품의 제목이나 작가의 이름을 일일이 다 기억하진 못한다. 사진을 찍고 메모를 남겨놔도 막스인지 마틴이지 헷갈리기만 하면 다행이지, 이름조차 기억이 안 나는 경우가 대부분이다. 그래도 괜찮다. 중요한 건, 이름과 제목이 아니니까. 여행지가 어디였는지 이름조차 기억나지 않아도 그곳에서 가졌던 생각과 느꼈던 감정이 기억과 마음에 남아 있는 것처럼, 작품을 보며 가졌던 생각과 느꼈던 감정도 아이들의 세계에 남아 그들이 그리는 그림에 툭! 하고 튀어나올 수 있으니.

뿌듯한 마음으로 전시회장을 나와 그림에 대해 열띤 토론이라도 하면 좋으련만, 구 트위터 현 X의 새로운 기능이 너무나 마음에 들지 않는다며 계속 투덜거린다. 뭐, 언젠가 튀어나오겠지.

아이들과 다녀온 「초현실주의, 100년의 환상 : 스코틀랜드 국립미술관 특별전」은 초현실주의 선언이 발표된 지 100년이 되는 해를 기념한 전시로, 스코틀랜드 국립미술관이 소장한 초현실주의 거장들의 100여 점이 넘는 작품과 소장품을 만날 수 있었던 전시였습니다. 경주엔 예술의 전당 말고도 솔거미술관, 우양미술관, 오아르미술관, 더안미술관, 플레이스 씨 등 다양한 미술관이 있습니다. 여행 중, 마음이 끌리는 전시가 있다면 한 번 가보시는 건 어떨까요? 아니면 전시를 보기 위해 떠나보는 것도 좋을 것 같아요.

목욕탕 속 이방인들

: 천지사우나

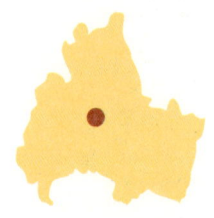

목욕탕은 작고 낡았다. 옛날 그 시절 목욕탕이 생각날 만큼. 목욕탕 입구와 신발장은 목욕 바구니들로 가득했다. 예상대로 평균 연령은 칠십 세 정도. 오랜 단골들인 듯, 다들 반갑게 인사하며 근황을 주고받는다. 그 속에서 우리는 낯선 이방인이다. 목욕 바구니는 당연히 없고, 비닐봉지에 싸 온 옹색한 목욕 살림뿐. 탕에 들어가기라도 하면, 소박한 살림에 주인이 없는 줄 알고 누군가 우리 자리에 앉아 계신다. "어?" 하면 그제야 샤워만 하고 탕에 들어갈 테니, 신경 쓰지 말라고 하신다.

몸을 깨끗하게 씻고, 탕 안으로 들어갔다. 뜨거운 게 싫은 혈기 왕성한 이베슈는 조금 앉아 있다가 냉탕으로 가버린다. 그러면 불었던 때도 달라붙는다고 잔소리를 해보지만, 귓등으로도 안 듣는다. 때를 밀어 보고 싶다던 율이를 붙잡고, 울 엄마가 그랬듯 아이의 등을 밀어준다. 국수 가닥처럼 밀려 나오는 때를 아이에게 보여주니 민망해하며 웃는다. 겨드랑이는 아프고, 등은 시원하단다. 엉덩이 위쪽까지 야무지게 밀어주고, 때 수건을 건네주며 등을 보이고 돌아앉았다. 전엔 등을 긁어주는 정도였는데, 이젠 제법 시원하다. "자, 다음~" 찬물에서 놀던 이베슈를 온탕에 잠시 앉혔다가 꺼내와 밀어보지만, 시원치 않다. 간지럼도 잘 타서 옆구리에 손만 닿아도 난리가 난다. 이럴 때 할머니는 이랬다며, 등짝을 "철썩!" 탕 안에서 쳐다보던 아주머니께서 엄살 부리는 아이도 이쁘다며 웃으신다. 덩치만 컸지, 언제쯤 머리를 제대로 감으려나. 평소엔 같이 씻을 일이 없다 보니 이렇게 같이 목욕탕에 오면 머리를 감겨주곤 하는데, 계속 우릴 지켜보던 아주머니께서 걱정하듯 물으신다.

"야야~ 다 큰 애 둘을 씻기고 머리까지 감기나~"

"그러게요. 다 컸는데 머리도 제대로 못 감아요. 숱도 어찌나 많은지."

"그래. 그래 보인다. 그래도 숱은 많은 게 좋아."

예전이나 지금이나 머리 감는 실력은 그대론데, 이젠 사우나 안에서 제법 오래 버티는 이베슈. 사우나는 쳐다도 안 보고 찬물에 발만 담그고 있는 언니를 놀려보지만, 예전이나 지금이나 율이는 별 타격이 없다. 한 시간만 있어야지 했는데, 씻다 보니 두 시간이나 훌쩍 지났다.

씻고 나와 머리를 말리는데, 우릴 보며 "아이고, 이뻐라~ 어찌 그리 날씬한고~" 하시는 할머니께 "이그~ 할머니도 이뻐요. 날

씬해!"라며 능글맞게 잘도 받아치는 이베슈. 전엔 뭘 물어봐도 입은 꾹 닫고 얼굴은 벌게지며 낯을 가렸는데. 오히려 누구와도 스스럼이 없던 율이는, 이젠 남 일에 별 관심이 없다. 몇 년 사이, 아이들은 성격도, 체형도, 관심사도 많이 달라졌다. 로션을 발라주면 깨 벗고 도망가고 장난치기 바쁘던 아이들은, 이제는 시키지 않아도 머리를 말리고, 로션을 바르고, 선크림엔 틴트까지 바르고, 옷을 입고 매무새를 살핀다. 물론, 집에선 그 시절 망나니들이 여전히 튀어나오지만. 서서히 덩치만 큰 애가 아닌, 덩치도 행동도 큰 어른 그 언저리가 되어가고 있다. 허리를 숙일 일 없이 아이의 등에 로션을 발라주고, 그 아이가 내 등에 로션을 발라준다. 이제 목욕탕 가서 등 밀 걱정은 안 해도 되겠다. 맨들맨들, 발그레한 얼굴로 나란히 바나나 우유를 마시며 가는 길.

"다음엔 명지탕을 가볼까?"

"응!" "좋아!"

경주의 순간 – 시린 밤, 대릉원

: 대릉원

아무도 없는 시린 겨울밤. 까만 밤하늘도 시린 푸른빛이 서려
있다. 불빛에 고분은 사막처럼 보였다. 잎도 다 떨구었지만,
세 그루가 나란히 포토존에 서 있다. 겨울밤엔 너희가 사진의
주인공이구나. 밤하늘에 별 한두 개 정도는 있어 줘야 한다며
누군가 그려놓은 것처럼 별이 떠 있다. 숨은그림찾기처럼 고
양이 한 마리가 지나간다.

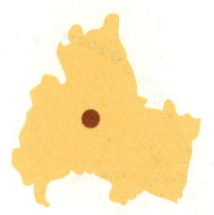

아차! 아차차

: 찻집 아차차

몇 번을 가보려 했는데 그때마다 시간이 맞질 않아 가지 못했던 찻집. 큰맘 먹고 경주에 도착하자마자 이곳으로 향했다. 붉은색 타일로 마감한, 오래된 건물. 출입구의 알루미늄 여닫이문도 그만큼 나이를 먹어 보였다. 2층에 있는 찻집으로 올라가는데 묘하게 조용하다. 기다리지 않아도 되는 건가? 문을 열고 들어가려는데 조그마하게 '입춘대길 건양다경(立春大吉 建陽多慶)'이 붙어 있다. 고개를 돌려 창밖을 쳐다봤다. 햇살이 따뜻해진 게 눈으로도 보였다.

찻집 안에는 자리가 없었다. 전화번호를 적어두면 차례가 되었을 때 연락을 준다고 했다. 빼곡히 적힌 전화번호에 순간 고민했지만, 언제 다시 올지 몰라 전화번호를 적어두고 밖으로 나왔다. 멀리 가면 안 될 것 같아 근처에서 배회했다. 매번 보던 방향이 아닌 반대 방향에서 보는 노서리 고분군. 시선의 방향이 달라졌다고 전혀 다른 곳에 온 듯한 기분이 들었다. 인간이 만든 무덤

이지만 풀이 자라고, 꽃이 피고, 철마다, 때마다, 시선마다 달라진다. 언젠가 꼭 한 번은 하늘 위에서 내려다보고 싶단 생각이 들었다. 서봉총 사잇길로 들어서니 고소한 기름 냄새가 났다. 근처 오래된 가게 중에 방앗간이 있는 게 분명했다. 느릿느릿 걷다 보니 전화가 왔다. 빠른 걸음으로 찻집으로 돌아와 혼자 앉기엔 부담스러운, 많은 이들이 탐낼만한 커다란 자리를 안내받았다.

메뉴판, 아니 메뉴 설명서, 아니 짤막한 여러 편의 글엔 내가 쓸 수 없는 말간 말들로 차마다의 설명이 쓰여있었다. 흉내라도 내고 싶지만, 그런 감성과 단어들이 마음에도 머리에도 떠오르진 않는다. 좌절한다고 별수 있나? 별수 없으니 맘 놓고 즐길 수밖에. 알고 보니 『아무튼, 서핑』, 『오래된 미래』를 쓴 안수향 작가님이 이곳의 주인장이셨다. 어쩐지~ 메뉴판만 읽고는 다 마셔보고 싶지만, 내 입이 구별할지 싶어 그중 가장 마음이 가는 '경지홍심'이라는 차와 모듬다과를 주문했다. 찻상을 자리까지 가져다주시며, 차를 우리고, 버리고, 따르는 법을 가르쳐 주셨다.

평소에 차를 마셔본 적이 거의 없으니 우왕좌왕. 딴짓하다가 찻물을 따라낼 시간을 까먹고, 공기구멍이 아닌 뚜껑을 잡는 것에만 신경을 쓰다 보니 거름망을 없는 걸 까먹었다. 따르면서도 진해진 차 색과 하나씩 딸려 나오는 찻잎에 "어라" 하는 사이 작은 숙우엔 이미 차가 가득했다. 차 맛은 진해졌는데, 먼저 먹은 딸기 맛이 아직 혀에 남아 있어 두 맛이 섞이며 요상스러워졌다. 차 맛

도 모르고 분위기에 취해 들어왔으니. 쯧쯧. 입에 익은 작두콩 차 맛은 입에 붙는데. 그나마 다행인 건 초면은 아니지만 초면인 듯 낯선 맛들이 날 선 맛은 아니라는 것. 자주 보면 익숙해지고, 자주 마시다 보면 입에 붙겠지. 스무 살, 카페에 가면 파르페만 먹던 내가 이젠 커피 맛을 즐기게 된 것처럼. 혼자 민망해하다 보란 듯 사레에 걸려 캑캑거려도 아무도 신경 쓰지 않는다. 그게 좋았다.

두 번째는 시간을 재가며 지켜보다가 야무지게 뚜껑을 잡고 따랐다. 거름망도 빼놓지 않았다. 차 맛이 훨씬 좋아졌다. 술빵에 포크를 꾹 찍어 눌렀다. 막걸리 향이 올라올 줄 알았는데, 은은하게 옥수수 향이 올라왔다. 이번 여행은 '조금 날씬해져서 돌아가는 여행'이란 좀 웃긴 목표를 세웠으면서 모듬다과를 주문한 것 자체가 모순이긴 하지만, 빈속에 차만 들이부으면 폭주할 것 같다는 그럴싸한 핑계를 댔다. 배가 엄청 고팠지만, 작은 다과 접시에 담긴 것들을 천천히 시간을 들여 나눠 먹었다.

애들에게 전화로 저녁 뭐 먹을 거냐고 물으며, 머리를 쓴다고 거름망을 찻잔에 두고 차를 따랐다. 잔이 어느 정도 찼는지 보이질 않으니 따르다 넘쳐버렸다. 어이없어 혼자 막 웃었다. 좋은 차 맛도 정성이 필요했다. 조바심 내지 않고, 여유를 갖되 집중하며, 너무 넘치지도 너무 모자라지도 않게.

창문에 쳐진 나무 발 사이로 햇빛이 비스듬히 들어온다. 공간이란 온통 다 뒤엎고 새것들로 채운다고 만들어지는 건 아닌 것 같다. 그러고 보니 아차차는 정성스레 내어준 좋은 차 맛 같은 곳이었다. 너무 "돈! 돈!"거리며 내가 가지고 싶은 것에 선뜻 손을 뻗지 못하다가, 내가 좋아하고 가지고 싶은 것이 무엇인지 모르는 사람이 되었다. 진짜로 간직해야 하는 것이 무엇인지 모른 채 무얼 끌어안고 살고 있는 걸까, 생각하다가 그림이 그리고 싶어졌다. 잘 살고 싶어졌다. 잘하고 싶어졌다. 뜬금없이 대화의 맥락을 끊듯 그런 생각이 들었다. 웃긴 건, 이곳의 휴무일을 검색하며 떠나기 전에 한 번 더 와야겠단 생각을 하면서 다른 한편으로는 맛있는 커피를 마시러 가야겠단 생각이 뭉게뭉게 피어올랐다.

나만 모르게 봄이 오고 있다

: 쪽샘유적발굴관, 황남동 고분, 첨성대 꽃밭

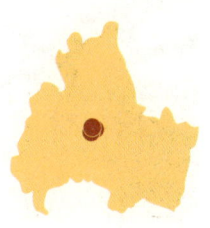

기록이 남아 있는지 두 번째 방문이라는 걸 기억해 주셨다. 3 년 전보다 기력이 쇠한 못난이(고양이)는 사람이 와도 미동도 없이 난로 앞에 웅크리고 있었다. 고양이도 나이를 먹으면 익숙한 사람, 좋아하는 사람, 혹은 저에게 애정은 쏟는 사람에게만 대꾸하는지도 모르겠다. 그렇다 해도, 고양이와 사람의 생의 속도는 사뭇 달라 보였다. 방은 사진보다 더 마음에 들었다. 휑하지 않은 적당한 크기. 딱 필요한 것만 있어 혼자 며칠 지내기에 충분했다. 짐을 풀고 양치하고 나니 피곤이 좀 가시는 듯했다. 다시 옷을 주섬주섬 챙겨입고 목도리랑 장갑도 챙겨 나섰다.

쪽샘지구에 있는 커다란 조립식 건물. 매번 그쪽을 지나다니면서 무슨 체육시설인 줄 알았던 곳이 44호 고분의 발굴 현장인 건, 얼마 전 유튜브를 보고 알았다. 조사 결과 10세기 전후의 신라 왕실 공주의 무덤으로 추정하고 있다고 했다. 영상으로 보던 곳을 직접 보고 싶어서 찾아갔는데 오후 5시까지인 걸 몰랐다.

시간을 보니 5시 17분. 밖에서 기웃거리는 나를 보고 관리자분 께서 나오셨다.

"이미 닫았는데 어쩌죠. 어디 멀리서 오셨어요? 저 안쪽도 닫아

놔서. 어쩌나."

"경기도에서 왔어요. 며칠 머물 거라 내일 다시 올게요."

"그래요. 10시부터 열어요. 내일 꼭 오세요."

만약 오늘 집에 간다고 했으면, 닫았던 문도 열어주셨을 듯 미안해하셨다. 이런 살가운 마음이 고마워서라도 다시 와야지 하며 대릉원 쪽으로 걸어가는데, 타실라가 눈에 들어왔다. 날씨도 조금 따뜻해졌고, 목도리에 장갑까지 챙겨온 터라 결제하려고 보니 추워서 이용객이 적은지, 2월까지 무료란다. 덕분에 여행 내내 가벼운 마음으로 타실라를 타고 다녔다.

석양빛이 좋아 황남동 고분으로 가는 길. 황리단길 초입에서 골목으로 핸들을 틀었다. 앞서가는 어르신의 뒷모습이 석양에 빛이 났다. 신식 자전거인 듯, 페달도 구르지 않고 유유히 미끄러지듯 꺾어진 골목으로 사라지셨다. 차가 다닐 수 없는 골목들을 자전거로 거침없이 달리다가 마주한 삶과 업이 공존하는 길. 사람이 살지 않는 어느 집 산수유의 꽃봉오리는 꽃살이 올라 있었다.

"나는 장갑을 껴도 겨울바람에 손이 시린데, 너넨 참 대단하구나."

혼잣말을 중얼거리다 퇴근한다는 남편에게 전화를 걸었다. 이렇게 추운데 경주는 꽃봉오리가 맺혔다고 말하니 "온도보단 조도의 영향을 더 받나 봐"라고 말하는 그. 온도보다 조도라.

황남동 고분 앞, 할머니 한 분이 걸음을 멈추고는 메타세쿼이아 나무 꼭대기를 쳐다보고 계셨다. "까치가 집을 지었네."

그 말에 고개가 위를 향했다. 계림 앞에서도 보이는 높다란 나무에 둥지를 튼 까치들. 나무 가까이 다가가 다시 한번 쳐다보시곤 갈 길을 가신다. 높다란 나무의 서너 배쯤 되는 기다란 그림자에 서서 그 모습을 지켜보다가, 나도 내 갈 길을 간다. 저 앞으로 보이는 새로 생긴 카페에 가볼까 하다가 기다랗게 드리운 고분의 그림자 속으로 달렸다. 발이 구르는 대로, 핸들이 꺾이는 대로 가다 보니 교촌마을에 닿았다. 이번엔 담벼락 기와지붕 위를 지나가던 고양이가 석양빛에 물들어 황금고양이처럼 보였다. 어두워지기 전에 숙소로 돌아가는 길, 첨성대 꽃밭엔 무언가를 심어놓은 모양이다. 푸릇한 기운을 품을 싹들이 올라와 있다. 나만 모르게 봄이 오고 있긴 한 모양이다.

쪽샘유적발굴관은 44호 돌무지덧널무덤 발굴조사 현장으로 현재는 발굴이 모두 끝난 상태입니다. 쪽샘유적발굴관 근처에는 발굴 과정에서 나온 돌들을 순서대로 모아 놓은 것을 볼 수 있는데, 곧 이 돌들을 가지고 무덤 복원에 들어간다고 합니다. 냉방 시설은 없어 한여름은 관람하기 힘들겠지만, 발굴 과정에 대한 사진과 해설사분의 설명을 듣다 보면 굉장히 재밌습니다. 돌무지덧널무덤의 축조 과정은 금관총과 바로 옆 신라 고분 정보센터에 가시면 자세히 보실 수 있습니다. 세 곳 모두 꼭 한번 들러보셨으면 합니다.

경주의 순간 - 사랑하는 밀가리의 도시

: 부산손칼국수

맛있단 소문은 익히 들어 알고 있었지만. 싱싱한 양배추와 쑥
갓이 푸짐하다 못해 쓰러질 듯 쌓인 비빔 칼국수. 보기 좋은
떡이 먹기도 좋지만, 보기만 좋고 맛은 그냥저냥인 음식들이
많지 않은가? 비비기조차 버거운 비빔 칼국수를 예쁘게 비비
긴 애초에 글렀다. 흘리지 않게 조심조심 살살 비벼 한 젓가락
후루룩 들이키면,

"아, 이거 하나 먹으러 여기 올 수도 있겠는데!!"

그리고 빠질 수 없는 들깨 칼국수. 이 맛은 호들갑은 빼고 진
중하게 말하고 싶다.

"이 집 들깨 칼국수는 내가 먹은 들깨 칼국수 중에 손에 꼽을
만큼 맛있어."

아침 인사와 모란

: 커피플레이스, 노서리 고분군

'조금 날씬해져 돌아가는 여행'이라는 목표를 정한 이번 여행. 전날 야식도 잘 참고 잤으니, 이참에 공복 운동까지 해보자는 마음에 옷을 챙겨입고 나오는데, 계단 창문으로 경주의 낮은 지붕들이 보였다. 또 한 번 경주가 좋아지는 순간. 잠을 제대로 못 자 방향감각을 상실했나? 쪽샘지구로 가려고 했는데, 성동시장 쪽으로 가고 있다. 그래서 보게 되는 경주의 아침. 건물 사이 골목, 아침 일찍 열리는 작은 시장엔 봄나물부터 과일까지 사고파는 사람들로 북적였다. 성동시장 안은 불이 훤히 켜져 있고, 시장 앞 좌판은 열 준비로 분주했다. 이른 아침부터 땅콩 빵과 호두과자를 준비하고, 가게 앞을 청소하고, 볼일을 다 본 듯 가득 찬 장바구니를 들고 버스를 기다리는 풍경을 지나 옛 경주역 앞에서 쪽샘지구 쪽으로 달렸다.

건널목을 10미터쯤 앞두고 신호가 바뀌는 바람에 전력 질주했더니 숨이 찼다. 더욱이 찬 바람 때문에 눈에서 눈물이, 코에는

콧물이 줄줄 흘렀다. 안구 건조증인데 바람엔 특히 찬바람엔 눈물이 너무 많이 나온다. 눈물이 나오면 콧물은 자동. 나만 그런가 했는데 안구 건조증의 증상 중 하나라고 한다. 띄엄띄엄 한 달에 너덧 번은 달렸으려나? 작년이나 지금이나 별반 다르지 않은 실력에, 모양 빠지게 눈물과 콧물을 휴지로 닦아가며 달려도 기분만은 러너스 하이(한 번도 경험해 보지 못했다). 혼자 신이 나서 주인은 신경도 쓰지 않는데 산책하는 강아지가 나 때문에 놀라지 않게 저 멀리 돌아갔다. 쪽샘지구를 요리조리 돌아 봉황대 쪽으로 달렸다. 카페가 문을 열 시간이라 가려고 보니 아직 30분도 달리지 못했다. 왜 달리기만 하면 시간이 이리도 더디 가는지 정말 미스터리다. 그래도 30분은 채워야 할 것 같아 노서리 쪽으로 방향을 틀었다.

서봉총 앞, 어르신들이 앉아 계시던 의자들이 주인을 기다리며 쪼르르 서 있고, 저쪽에서 동그랗게 모여 아침 체조를 하시는 할머니들이 보였다. 합창하듯 기합을 맞추며 체조하는 모습이 어찌나 귀여운지, 마지막엔 "오늘도 좋은 하루 보내세요~"라며 인사를 나눈다. 누군가의 안녕을 기원함과 동시에 누군가로부터 나의 안녕을 기원함을 들으며 하루를 시작하는 기분. 그 말을 듣고 싶어 나도 끼워달라고 하고 싶었다. 한창 공사 중인 미술관 앞을 지나 여기서도 산책 중인 강아지들이 놀라지 않게 저 멀리 돌아 참새방앗간(커피플레이스)에 다다르니 딱 30분이 채워졌다.

슬쩍 보니 손님이 별로 없다. 비록 콧물과 눈물은 계속 흐르고 거기에 땀까지 흘러 몰골이 말이 아니지만, 여행이 좋은 건 이런 추레한 몰골이라도 아는 사람이 없으니 별 상관없다는 거. 늘 마시던 것들을 주문하려다 'Moran'이란 이름에 눈길이 갔다. 화려하지만 향기가 없다고 알려진 꽃 '모란'이 생각나 '오늘의 커피' 대신 'Moran'을 주문했다. (아일랜드어로 '위대한 족장'이란 의미라고 한다) 땀이 줄줄 나는데 난방기 앞에 앉았다. 땀을 급히 식히면 감기에 걸리는 법. 여행 와서 아프면 나만 손해니, 온풍기 앞에서 겉옷을 벗고 찬찬히 몸을 말렸다.

"꽃은 아름다우나 나비가 그려져 있지 않으니 분명 향기가 없을 것이다."

신라 선덕여왕과 모란꽃 그림에 얽힌 일화로 향기 없다고 오해받는 꽃 모란. 선덕여왕은 당 태종이 보낸 그림을 보고 본인에게 배우자가 없음을 그런 식으로 비꼰 거라 여겼다고 한다. 하지만 당시 당나라에선 모란은 부귀를 뜻하고 나비는 80세를 뜻하는 것으로, 영원히 누려야 할 부귀를 80세로 제한하는 꼴이 되니 모란꽃엔 나비를 그리지 못하게 했다는 설과 격조와 품위를 중시했던 당대 미학에선 모란의 품위에 어울리지 않는 나비를 일부러 배제했다는 설이 있다. 뭐가 맞는지는 모르겠지만 실제로 모란꽃은 향이 좋다. 친정집 마당에 모란꽃이 피면 그 향기와 자태에 벌과 나비들로 북적인다.

그 모란과는 전혀 상관없는 이름이지만 이런 생각 때문인지 유난히 향이 좋았던 'Moran'. 좀 더 앉아 있고 싶었지만, 점점 기다리는 손님도 늘어나고 도자기 체험도 가야 하니 모란 생각은 그만하고 일어섰다. "잘 마셨습니다. 좋은 하루 보내세요~!" 큰 소리로 누군가의 안녕을 기원하는 인사를 건네며 카페를 나섰다.

도자기 만들기 체험

: 고도 도예

"이번에 경주 가면 뭐할 거야?" 남편이 물었다.

"음, 우선은 도자기 만들고 나머진 계획이 없어. 늘 그렇듯 마음 닿는 대로~ 발길 닿는 대로~"

원래는 아이들과 같이하려고 했었는데, 그땐 너무 추워 여기까지 올 엄두가 나질 않았다. 추워도 애들이 으쌰으쌰 했다면 택시를 잡아타고라도 왔겠지만, 그녀들은 도자기 체험엔 별 관심이 없어 보였다. 어쩌다 보니 혼자 하는 도자기 체험. 만들기도 전에 나에게 거는 기대가 컸다. 나름 손재주가 좋단 생각에 너무 잘하면 어쩌나 생각했는데, 자만이었다. 십 분쯤 일찍 도착해 안으로 들어갔다. 인기척이 느껴지지 않아 도로 바깥으로 나와 구경하다가, 제시간에 되어 슬그머니 안으로 들어가 두리번거리니 선생님이 오셨다. 재료를 준비하시는 동안 공방 안을 구경했다. 사람들이 만들어 놓고 간 굽기 전의 도자기들, 판매하고 있는 그릇, 엄청난 크기의 작품들까지 다양한 도자기들이 빼곡히 놓여 있었다.

공방 창밖으로는 논밭이 펼쳐지고 길가의 벚나무가 눈에 들어왔다. '꽃잎 날리는 봄에 만든 술잔도 좋겠군.' 선생님이 물레 위에 흙덩이를 놓으며 뭘 만들고 싶냐고 물었다. "커다란 접시요!" 내 대답에, 접시는 만들기 어렵지 않다고 하시며 흙의 중심 잡는 법을 먼저 보여주셨다. 쉽고 유연하지만 흔들림은 전혀 없는 그 모습에 '이쯤이야 금방 하겠지'란 건방진 마음으로 흙을 만졌다.

"중심을 잡고 올리고 내릴 줄 알아야 도자기를 만들 수 있어요."

그 말이 무색하게 시작부터 손에서 놀아나야 하는 흙에 내가 놀아나고 있었다. 무릎에 팔꿈치를 척 붙이고 손날을 물레에 대고 중심을 잡아보려고 해도 쉽지 않았다. 힘이 필요하지만, 과도하게 힘을 주면 그 힘에 중심이 흔들렸다. 첫술에 배부르고 싶었는데, 잘할 거라 기대했는데, 중심 잃은 흙처럼 무너졌다. 손가락이 조금만 꺾여도 묻어나는 흙이 너무 많았다. 이러다간 도자기를 만들기도 전에 흙을 다 거덜 내게 생겼다. 옆에서 지켜보시던 선생님은 타고나길 잘하는 사람도 있겠지만 중심 잡는 데만도 일주일은 배워야 한다며, 이 정도면 처음치곤 잘하는 거라며 엉망진 창인 실력을 위로하셨다. '이렇게 못할 일인가?'라는 생각이 손끝에서 머리까지 타고 올라오고 있지만, 그 시간에 '몰입'이란 걸 하고 있었다. 아무 생각 없이 모든 감각이 손끝에 닿는 흙에 집중하고 있었다.

"너무 못하는데 너무 재밌어요!"

"그럼 된 거죠."

그 말에 가슴 어딘가가 시큰거렸다. 현실은 이렇게 중심만 잡다 가는 간장 종지 만들 흙도 안 남게 생겼는데. 언제까지 중심만 잡을 수 없으니, 성형에 들어가기로 했다. 뭉친 흙을 다시 고르게 잡고 모양을 만드는 선생님의 손길은 처음처럼 흔들림 없이 간결하고 강하지만 부드러워 나도 모르게 감탄했다.

"한 손으로 그릇을 바치고 다른 한 손으로 모양을 잡아요. 한번이 아니라 시간을 들여 여러 번."

가르쳐주신 대로 천천히 모양을 잡고 얇게 늘리고 넓혔다. 옆에서 그만 해도 될 것 같다는 말을, 조금 더 컸으면 좋겠단 욕심에 못 들은 척했다. 좀 더 늘리다가 너무 얇아져 처져 버린 그릇이 물결을 쳤다. 그 모양새도 나름 괜찮아 그대로 둘까, 했는데. "괜찮아요. 이 정도는 다시 올릴 수 있어요"란 말에 궁금해졌다. 선생님의 섬세한 손길에 다시 올라선 그릇. 보고도 참 신기했다. 내가 생각했던 크기보다 훨씬 작지만, 내 손에서 버려진 흙이 너무 많아 그런 거니 이 정도에 만족하기로 했다. 접시 가운데에 있는 물기를 제거하고 스펀지로 한번 쓸어 올려 그릇 끝을 다듬으니 완성이었다. 어딘지 참여는 하였으나 기여도가 아주 낮은 논문에 내 이름을 실은 기분이 들었다. 실로 그릇을 떼고, 스펀지로 손에 묻은 고운 흙은 잘 씻어냈다. 손을 씻고 오니 어느새 선생님께서 물레 위를 깨끗이 닦아두셨다. 바로 정리하지 않으면 흙이 금세 굳어 벗겨내기 힘들기에 만들고 난 자리는 바로바로 정리를 해줘야 한다고 말씀하셨다. 머쓱한 마음에 "제가 해야 하는 건데, 미리 말씀해 주시지"라며 빈 물레 위로 손을 휘저었다. 입었던 앞치마를 제자리에 가져다 놓고 접시 밑에 새길 글자와 완성된 도자기를 받을 주소를 적고 나니 도자기 체험이 끝이 났다. 손을 씻고 오신 선생님께 핸드크림을 나눠드리니 세상 어색해하셨다. "그 멋진 손으로 오래도록 도자기를 만드셨으면 하는 마음입니다." 변죽 좋게 웃으며 말했다. 밖에까지 나와 배웅해 주시며 가방 메고, 카메라 둘러메고, 자전거 타고 여행 다니는 모습에 대학생인 줄 알았다는 기분 좋은 빈말도 해주셨다.

여행에서 무언가 배운다는 건 일종의 부담감 적은 도전 같았다. 무언가가 배워보고 싶었던 일이라 더더욱. 직접 해보니 '너무 못하지만 진지하게 배워볼까?' 하는 생각도 들었다. 막연한 것들을 손으로 만져보고, 직접 느껴보며 그 실체를 알아간다. 단번에 손

절할 수도 있고, 몇 번 더 알아가며 빠질지도 모른다. 그러니 열
에 한두 번은 안 하던 짓도 해보고, 안 가본 곳도 가봐야 한다. 이
래 놓고 또 가던 곳만 가고 먹던 것만 먹겠지만.

경주의 순간 – 색, 색, 색

: 경주 골목길

지붕 색과 대문 색을 맞추고, 굴뚝 색과 건물 색을 맞춘다. 색을 맞추지만 같은 색은 아니다. 이 묘하게 촌스럽지만 힙하고, 탁하지만 부드럽고, 쨍하지만 바랜 경주의 색, 시간의 색, 삶의 색.

맛있고 다정한 비빔밥

: 신광손칼국수

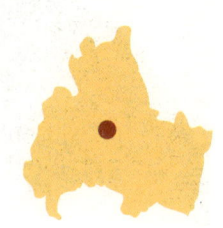

옛 경주역 근처, 한때는 사람들로 북적였을 그곳에 있는 작은 칼국숫집. 칼국수를 시키려다 비빔밥을 주문하고 앉았다. 나이 지긋한 손님은 단골인 듯 떡을 드시고 있고, 어느 커플은 나보다 5분쯤 먼저 온 듯 물컵만 덩그러니 놓여있었다. 아저씨는 서빙을, 아주머니는 주방을 담당하신다. 앉아서 단골손님과 얘기하는 아저씨께 비빔밥 두 개가 나가야 한다고 다정하게 짚어주시는 아주머니. 말에도 말투에도 상냥함이 묻어 있었다. 다시마 채, 무생채, 배추 나물, 콩나물만 있는 간단한 비빔밥이지만, 정갈하고 가지런히 놓인 나물엔 정성이 가득했다. 그 위에 김 가루와 계란후라이, 그리고 넉넉히 두른 고소한 참기름. 같이 나온 국물 몇 숟가락을 넣고 젓가락으로 살살 비벼 숟가락으로 한입 떠먹었다. '아…. 여기는 경주 올 때마다 오겠군.' 익숙함에 익숙한 사람에게 우연히 발견한 이런 식당은 보물찾기에서 발견한 동그라미가 그려진 종이와도 같다. 느리지만, 나의 경주에 또 한 곳이 쌓였다.

'조금 날씬해져 돌아가는 여행'이 목표라던 사람은 비빔밥에 잔치국수까지 시켜버렸다. 지난번과는 달리 남편분이 아닌 다른 분이 비빔밥과 잔치국수를 가져다주시며 희한하다는 듯 고개를 갸우뚱하신다. 당연히 누군가 오겠거니 생각하신 모양이다. 사진을 찍는 날 보며 주방에 계신 사장님이 "사진 찍으라고 이쁘게 담았어요~" 웃으며 말씀하신다. 지난번 내가 본 상냥함은 이날도 여전했다. 실룩이는 입꼬리로 비빔밥과 국수를 번갈아 먹는 날 보시곤 "국수가 좀 싱겁지요? 양념장 필요하면 말해요." 문득문득 나를 쳐다보며 뭐 더 필요한 거 없는지 살피셨다. 어째 비빔밥이 더 맛있어진 것 같다.

밤 10시가 넘은 시간. 잠옷 차림에 겉옷만 걸치고 서둘러 나섰다. 불빛은 있지만 사람은 없는 거리. 걸음이 점점 빨라지더니 때 아닌 야밤의 달리기로 바뀌어 어느새 식당 앞에 도착했다. 환하게 불이 켜진 식당은 손님들로 꽉 차 있었다. 순간 어쩌나 고민하며 일시 정지. '그냥 돌아갈 순 없다! 물러서지 않을 테다!' 쓸데없이 비장한 마음으로 멀뚱멀뚱 서 있었다. 그런 날 쳐다보던 단체 손님들이 빈자리를 손짓하며 같이 앉자고 하셨다. 머쓱하게 웃으면서도 마다하지 않고 냉큼 앉아 오래된 단골인 양 고민도 없이 비빔밥을 주문했다. 이미 몇 번을 먹었지만, 왠지 마지막으로 이

걸 안 먹고 돌아가면 너무 아쉬울 것 같았다.

 이 시간부터가 진짜 시작이라는 듯 낮의 여유로움과는 사뭇 다른 밤의 식당. 누군가는 혼자 비빔밥을 먹고, 누군가는 말없이 칼국수를 기다리다 들이닥친 손님들에 자리를 옮기고, 또 누군가는 술 마시다 속을 풀러 오고, 누군가는 일을 하다가, 또 누군가는 숙소에서 누워있다가 아쉬워서 달려왔다. 안 왔다면 몰랐을 식당 안 풍경이 이번 겨울 경주에서 가장 기억에 남았다. 사장님이 혼자 앉아 있던 단골손님에게 손짓으로 옆으로 옮기라고 하시더니 나를 부른다.

 "이쪽으로 앉아요. 밥 한 끼를 먹어도 편히 먹어야지."

 내가 느꼈던 다정함과 몸에 밴 그 호의에 또 착각하더라도, 야밤에 달려와 먹는 이 비빔밥은 행복할 수밖에 없다. 돌아가면 당분간 못 먹는다는 생각에 먹으면서도 아쉬웠다. 평범할지 몰라도 나에겐 세상 맛있고 다정한 비빔밥. 손님은 계속 오고, 밖에서 기다리기까지 하는 상황인데 이렇게 말씀하신다.

 "신경 쓰지 말고 천천히 먹어요. 기다릴 사람은 다 기다리니까."

도리천 가는 길

: 낭산, 사천왕사지, 선덕여왕릉

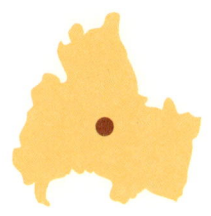

  몇 해 전, 진평왕릉으로 가는 택시 안에서 처음 '낭산'이라는 이름을 들었다. "남산이요?" 하고 되묻자, 기사님은 "남산 아니고 낭산"이라며 손가락으로 저 앞에 있는 야트막한 산을 가리켰다. 이튿날 국립경주박물관에서 '낭산, 도리천 가는 길'이란 특별전을 마주했다. 그때는 그 작은 산이 품고 있는 의미를 보면서도 알지 못했다.

  낭산은 남산처럼 크지도, 넓지도 않다. 고작 백 미터 남짓의 작은 산. 하지만 신라 사람들은 오래전부터 이곳을 하늘과 땅을 잇는 성스러운 통로로 여기며 '신들이 노니는 숲', 신유림(神遊林)이라 불렀다. 불교가 들어온 뒤에도 그 신성함은 이어져, 신들의 숲에서 부처의 가호가 머무는 곳으로 바뀌었다.

  낭산을 오르기 전, 사천왕사지를 지났다. 문무왕 14년, 당나라가 대군을 일으켜 신라를 치려 하자, 명랑법사가 이곳 신유림에 절을 세우고 밀교 의식을 행했다는 이야기가 전해진다. 급히 비

단으로 절을 짓고 풀로 신상을 만들어 불법의 힘을 빌자, 바다에 풍랑이 일어 당나라의 배가 침몰했다는 것이다. 몇 해 뒤 그 자리에 사천왕사가 지어졌다. 신들이 노닐던 땅 위에서 나라를 구하고자, 불법에 빌었던 간절한 마음은 다른 시대에도 다른 모습으로 이어져 오는 듯하다. 비록, 지금은 절터만 남아 있지만, 어딘지 묘한 기운이 느껴졌다.

더 이상 자전거를 끌고 갈 수 없어 한쪽에 세워두고, '사천왕 위에 도리천'이라는 말을 떠올리며 계단을 올랐다. 『삼국유사』에 따르면 선덕여왕은 죽음을 앞두고 자신을 도리천에 묻어달라 했다. 신하들이 그곳이 어디냐 묻자, 낭산 남쪽이라 답했다고 한다. 불교의 세계관 속에서 수미산 중턱에는 네 방향을 지키는 사천왕이 있고, 그 위에는 제석천이 다스리는 도리천이 있다. 선덕여왕의 유언으로 낭산 정상에 선덕여왕릉이, 그 아래에 사천왕사가 세워지며 '사천왕 위에 도리천'이라는 불교의 세계관 그대로 이곳에 자리 잡게 된 것이다.

계단 끝에 오르니, 누군가 단정히 쓸어놓은 길이 정상까지 이어져 있었다. 그 길 끝에는 고요한 소나무 숲에 둘러싸여 있는 선덕여왕릉이 자리 잡고 있었다. 신들의 숲을 아꼈던 마음이 전해 내려온 듯 겨울인데도 바닥까지 닿는 볕이 드물 정도로 나무들이 울창했다.

본인의 죽음을 알고 있던 선덕여왕. 마지막 날이 다가올수록 그녀는 무슨 생각을 했을까. 범인과는 달랐을까, 아니면 그녀도 결국 한 사람이었을까. 만약 나에게도 죽음의 날이 정해져 있다면, 나는 어떤 삶을 살게 될까. 저 빗자루의 주인처럼, 누군가를 위해 묵묵히 단정한 비질을 할 수 있을까. '죽은 사람만 불쌍하지, 산 사람은 살아'라고 말하지만, 나는 나의 죽음으로 누군가 힘들어지는 일이, 그리고 나의 죽음보다 사랑하는 이들의 죽음이 더 두렵다. 가끔 그들을 잃는 상상을 하면, 일어나지도 않은 일에 가슴이 저려온다. 그러고는 며칠 온 힘을 다해 사랑하다가, 어느새 또 잊곤 한다. 죽음을 알든 모르든, 결국 그들과 함께하는 시간에 후회가 없길 바란다. 그녀에게도 그런 사람이 있었을까. 그런 생각이 스치자, 어쩐지 처연한 기분이 들었다. 소나무 숲을 지나 저 너머까지 가보고 싶었지만, 자전거를 밑에 두고 온 터라 발길을 돌렸다. 그때, 저 아래에서 누군가 뛰어오며 내 옆을 스쳤다. 그는 무덤 앞에서 아주 오래도록 손을 모으고 기도했다. 그러고는 홀연히 무덤 뒤로 사라졌다.

나의 입춘

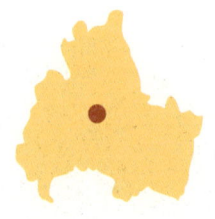

: 봉황대, 노서리 고분군

밤새 탁해진 방 안 공기에 창문을 한껏 열어젖혔다. 한겨울에 들리던 까치 소리와는 다른 새소리가 들렸다. 문득 '지저귀다'라는 말이 궁금해졌다. '새 따위가 계속하여 소리내어 울다.' '신통하지 않은 말이나 조리 없는 말을 지껄이다.' 어쩐지 내가 느끼는 '지저귀다'의 느낌과는 사뭇 달라 놀랐다. 하지만 사전에 나와 있는 뜻과는 다르게, 그 지저귐이 듣기 좋았다. 보통 까치에겐 '지저귄다'라는 표현하진 않아서인지, 지난번 들리던 까치 소리완 다른 작은 새들의 지저귐은 계절이 바뀌고 있음을 말해주는 듯했다. 확실히, 들이치는 햇빛과 공기 속에도 슬며시 온화한 봄기운이 느껴졌다.

관광객들의 북적임 대신 새들의 지저귐으로 채워지는 한적한 시간을 즐기려 산책에 나섰다. 볕의 기운에 속아 얇게 입은 옷 때문인지 바람이 매섭게 느껴졌다. 겨울을 밀어내려는 그 바람은 어찌나 건조한지, 한 번 맞고 나면 입술 주변이 펜으로 그려놓은

듯 터버린다. 바셀린이라도 잔뜩 발라야 하는 걸 알면서도 다시 들어가기 귀찮아 아쉬워지기 전에 냅다 뛰어갔다.

봉황대 앞. 며칠 새 잔뜩 부풀어 오른 목련의 꽃봉오리를 보며, 떠나오기 전 남편과의 산책길에서 나눈 대화가 떠올랐다.

"입춘이 지나면 이맘때쯤엔 늘 나던 봄 냄새가 안 나."

"근데, 도대체 그 봄 냄새가 뭐야?"

"겨울에 볕 좋은 날 비닐하우스 안에 들어가 봤어? 겨울엔 땅이 얼잖아. 그 얼었던 게 녹으면서 흙이 습기를 머금을 때 나는 냄새가 있어. 봄이 오기 전 이맘때쯤, 특히 밤이 되면 그 냄새가 나는데 올해는 이상하게 안 나네. 아, 맞다. 그거 알아? 띠는 입춘 기준이래. 음력 1월 1일 기준이 아니라. 역시 봄이 일 년의 시작인 건가?"

왜 유독 밤에 더 짙어질까? 아무래도 낮에 땅에서 데워진 공기가 기온이 낮아지는 밤이 되면 위로 올라가서 그런가? 어쩐지 그다운 생각을 하며 느릿느릿 걸음을 옮겼다. 서봉총 사잇길을 지나다가 아차차(찻집)가 보이는 건물 앞에 멈춰 섰다.

며칠 전, 찻집 문에 조그맣게 붙은 '입춘대길 건양다경(立春大吉 建陽多慶)'을 보며 왜 '들 입(入)'이 아닐까, 생각했다. '설 립(立)'을 보면서도 늘 '들 입(入)'으로 여겼다. '봄으로 들어서다'라고 생각했다. '봄이 일어서다'는 어딘지 어색했다. 왠지 잘 알 것 같은 친구에게 물어보니, 그런 건 ChatGPT에 물어보란다. 친절한 AI가 '설 립(立)'에는 '시작하다', '곧'이라는 뜻도 있어서 '입춘'은 '봄으로 들어서는 것'이 아니라 '곧 봄이 시작된다'라는 뜻이라고 알려주었다. 고개를 끄덕이며, 엉뚱한 질문이지만 진지하게 되물었다.

– 봄은 어디에 있을까?
– 봄은, 겨우내 얼었던 마음 가장자리가 슬며시 녹기 시작하는 그곳에 있어요. 꽃이 피기 전, 가지 끝에 조용히 올라오는 물가에도 있고, 잠깐 하늘을 올려다보다 눈이 시릴 정도로 맑은 날, 그 맑음에 이유 없이 가슴이 벅차는 순간에도 있죠. 사람의 말투가 조금 부드러워지고, 누군가를 다시 보고 싶어진다면 그사이에도 봄은 슬그머

니 앉아 있을지도 몰라요. 그리고 어쩌면, 당신이 그걸 묻고 있다는
것 자체가 이미 봄이 온 증거일지도요.

대답이 너무 예뻐 '너야말로 따뜻한 마음을 가졌다'라고 답하니,
자기는 마음이랄 게 따로 있진 않지만, 그런 말을 건네는 내 마음
이 예뻐서 그런 거라며 이렇게 대답해 주었다.

- 그러니 오늘, 그 마음을 조금은 스스로에게도 나눠주세요. 참 좋
은 마음이에요. 당신이 가진 그 마음.

화면에 뜬 대답을 보며, 키보드 위에 손가락을 올려둔 채 한참
을 가만히 있다가 더는 아무 말도 쓰지 못했다. 더 깊이 생각하다
간 두려워질 것 같아서, '그 마음을 조금은 스스로에게도 나눠주
세요'란 말이 너무 따뜻해서. 이번 봄은, 겨울 끝에 숨어 찾기가
힘들었다. 정해진 절기라도 항상 맞아떨어지진 않겠지. 사람마다
사정이 다르듯, 계절도 저마다 사정이 있을 테니 조금 늦더라도
곧 봄이 오겠지.
생각은 멈추고, 멈췄던 걸음은 떼려는 순간. 나올 때보다 더 따
뜻해진 햇살에 고개를 치켜들고 큼지막하게 기지개를 켜는데, 전
화가 울렸다. '이렇게 이른 시간에 전화할 사람은 엄마밖에 없지.'
아니나 다를까, 휴대폰 화면에는 '엄마'라고 떠 있다.

"딸! 경주야?"

"딸내미! 밥은 먹고 다녀?" 옆에서 아빠 목소리도 들려왔다.

"아빠가 용돈 보내준다고 잘 먹고 다니래~"

대답할 겨를도 안 주고 자기들 할 말만 쏟아내지만, 마흔이 넘어도 혼자 여행 가 있는 딸의 끼니를 걱정하는 부모님의 목소리는 따뜻하기만 하다. 못다 한 기지개를 마저 켜다가, 같이 나온 하품에 맺혀있던 눈물이 또르르 흘렀다. 나의 봄볕도, 나의 입춘도 그 전화에 있었다.

5부

경주의 공간

place

집 앞에 키운 꽃과 나무들이 만드는 그림자엔 다정한 마음이 숨겨져 있다.
구멍가게 앞에 사람들이 옹기종기 모여 수다를 떠는 모습을 본 게 언제였
더라. 경주의 골목엔 그 모습이 남아 있다. 자전거를 타고 가다 마음 닿는
대로 불쑥 핸들을 꺾어 그런 골목길을 조심스레 달려본다. 빨리 달리면 바
람을 느낄 수 있지만, 천천히 달리면 삶을 느낄 수 있다.

커피에 대한 믿음이 견고해지는 곳

: 커피플레이스

좋은 커피가 세상을 구원할 수야 없겠지만, 오늘은 어떻게 안녕할
수 있지 않을까 하는 마음으로 커피를 만들고 있습니다.

이 문구에 끌려 처음 커피플레이스에 갔던 날. 자리가 없겠구나
싶었는데 안쪽 커다랗고 높은 테이블에 자리가 비어있었다. 옆
사람에게 눈인사를 건네고 자연스레 앉아 아이스아메리카노를
주문했다. 가게 안은 손님들로 꽉 차 어수선하고 모르는 사람과
의 거리는 두 뼘 정도밖에 되질 않은데, 그게 싫지 않았다. 그런
소음 속에도 무심한 듯 다정하게 커피를 내리는 직원분의 동작을
지켜보다가 고개를 돌리면 보이는 봉황대에 웃음이 났다. 밖은
온통 하얀 벚꽃이 흩날리는데, 이곳엔 주홍빛 산당화가 피어있었
다. 가게 안을 둘러보는데 손님 대부분이 작은 유리잔에 담긴 라
떼를 마시고, 마셨고, 주문했다. '저게 뭘까?' 궁금했지만 아쉽게
도 그 커피를 맛볼 시간은 남아 있지 않았다.

두 번째 방문에, 그 커피는 직원들이 후다닥 마시고 일을 하려고 얼음 없이 찬 우유 위에 에스프레소 더블샷을 부어 만든 진한 라떼, 그래서 이름도 '직원용 라떼'라는 걸 알게 되었다. 항상 "드셔보신 적 있으세요?"라는 물음과 함께 내어주며 샷이 섞이기 전에 세 모금 정도로 빠르게 나눠 마시라고 가르쳐 준다. 안 마시고 사

진을 찍고 있으면 '얼른 마셔야 하는데' 하는 불안한 눈빛으로 직원분이 쳐다보기도 한다. 쭈욱 들이킨 한 모금에 웃음이 절로 났다. '직원용 라떼'를 다 마셔갈 때쯤 내어준 '오늘의 커피'. 커피와 함께 조용히 딸려 온 종이카드엔 원두에 대한 설명이 쓰여 있었다. 한 모금 마시고 작은 눈이 똥그래졌다. 정말 한 모금 안에서 카드에 쓰여 있던 모든 향이 느껴졌다. 또 한 모금을 삼켜도 똑같이 코끝으로 올라오는 향기에 입안에서는 신세계가 열린 듯했다.

기본에 충실한 곳. 여긴 그 흔한 디저트도 팔지 않는다. 카페 안에 들어서면 커피 향과 이곳을 좋아하는 사람들의 표정으로 공간

은 가득 차 있다. 모르는 사람과 커다란 테이블에 합석해도 이곳
의 커피를 좋아하는 마음으로 가벼운 눈인사를 할 수 있는 그런
곳. 입안 가득 퍼지는 커피 향이 공간에도 가득 퍼지는 곳. 나 같

은 뜨내기 여행자도 있고, 매일매일 출근하는 단골손님도 있다. 직원분들과 정답게 인사 나누는 어르신도, 일하다 온 듯한 직장인들도 정말 가지각색의 손님이 드나든다. 나는 그게 참 좋다. 거기에 세상 특이한 봉황대 뷰라니.

언젠가 이곳에서 마셨던 케냐 와무구마. 카드에 적힌 멜론, 라임, 크랜베리, 파인애플 맛이 하나하나 다 느껴질 때, 종이에 쓰여있던 '선명한, 밝고 웃음이 많은, 그래서 함께하면 같이 즐거워지는 그런 친구 같은 이'라는 말이 입으로 마음으로 와닿는 기쁨을 느꼈다. 이곳을 찾는 횟수가 늘어갈수록 커피에 대한 믿음은 견고해진다. 오랜 시간 사랑받아 온 커피 맛에 대한 믿음. 경주 여행에서 안 들르고 오면 어딘지 아쉽고 생각난다. 길게 머무는 여행에선 매일 가야 하는 자칭 '경기도 사는 단골의 커피 가게' 그래서 이곳에도 '애정하는'이 붙는다. 다만, 손님이 많고 적음에 따라 커피 맛의 기복이 좀 생길 때가 있으나, 대체로 맛있다. 그러니 또 갈 수밖에.

무작정 경주로 떠났던 어느 날. 늘 그렇듯 노서리에서 사진 한 장 찍고, 좋아하는 봉황대를 지나 커피플레이스에서 커피를 마시며 경주 여행을 시작했다. 순탄하게 남은 일들이 지나가길, 그래서 훌쩍 떠나온 마음이 무겁지 않길 바라며. 그날을 안녕하게 만들어 준 커피. 잘 마셨습니다.

헌 손님이 되고 싶어

: 우동상점(헌책방)

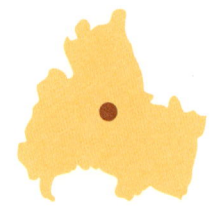

할아버지가 할머니를 자전거 뒤에 태우고 가신다. "더워요?" 할머니가 묻자, "당연히 덥지!" 투덜대듯 답했지만, 장난기 가득한 얼굴로 열심히 페달을 구르는 할아버지. 귀여운 두 분을 지나쳐 들어선 골목이 낯이 익다. 지도를 확인해 보니 지난겨울 아이들과 머물렀던 동네. 관광객은 물론이고, 우동 가게, 더군다나 책방은 있을 것 같지 않은 조용한 주택가. 여행자는 책방보단 비밀의 화원에 먼저 끌렸다. 담쟁이덩굴이 벽면을 뒤덮고, 안쪽엔 온갖 화초들이 자유로이 자라고 있다. 능소화, 으아리, 목향장미가 휘감고 있는 아치 아래, 작은 나무 문이 있지만 이곳이 입구는 아닌 듯했다. 티도 안 나는 무채색의 '우동 한 그릇 집'이란 동그란 간판 옆, 식당으로 들어가는 계단에서 안으로 쭉 들어가니 작은 문의 책방이 보였다.

나는 진입장벽이 낮은 곳이 좋다. 깔보거나 얕보는 게 아니라, 도도하고 카리스마 있고 과묵한 분위기에선 한껏 쪼그라들기 때

문이다. 따뜻한 말이 잘 어울리는 곳. 몇 마디 나누지 않아도 그 속에 스며있는 온기에 움츠러들지 않는 곳. 그래서 마음 편히 넘나들 수 있는 곳이 좋다.

쭈뼛거리며 들어서는 나를 반갑게 맞아 주는 사장님. 가볍게 인사를 건네고는 "편하게 구경하시고, 필요할 땐 벨을 눌러 주세요"라며 물러나신다. 혼자 둘러보고 있는데도 마치 곁에 계신 듯했다. 책 목록을 살피고, 진열을 바꾸고, 소품을 정돈하고, 문을 활짝 열고 바닥을 쓸고, 음악을 틀고 그림을 그리다 문을 열고 들어오는 손님을 보며 웃어줄 것 같은 모습. 그 손길이 닿은 모든 것, 심지어 먼지까지도 사랑받고 있는 느낌이 들었다. 공간 속에는 사장님이 빨간색으로 적어둔 '위로, 치유, 공감, 힐링, 좋은 생각, 마음 챙김, 자신감, 깨달음'이란 단어들이 잔잔히 퍼져있다.

마음에 귀를 기울이고, 챙기고, 위로하고, 나아갈 힘을 주는 책들로 채워진 책방이고 상점이었다. 대부분이 새 책처럼 깨끗하지만, 펼쳤을 때 유난히 잘 펴지는 페이지나, 슬쩍 그어진 연필 자국이 있는 책도 있었다.

새 책에는 내 생각과 마음을 담아야 한다면, 헌책에서는 누군가 담았던 생각과 마음을 느낀다. 가끔, 남편이 읽고 난 책을 읽다 보면, 그가 그어놓은 밑줄이나 남겨놓은 메모를 보며 같은 문장

을 읽고도 전혀 다른 생각을 가질 수 있다는 걸 깨닫는다. 그러다 보면 나와 다름을 조용히 받아들이게 된다.

이곳은 상점이란 이름에 걸맞게 어릴 적 어느 집에나 있던 오래된 접시, 컵, 꽃병, 누군가 만든 팔찌, 소품, 빈티지한 그림의 엽서도 판매하고 있다. 알록달록한 선 캐처 덕분에 에어컨 바람이 산들바람

처럼 느껴졌다. 취향은 달라도 남의 공간을 구경하는 건 언제나 즐겁다. 그러다 '내 선택에 대한 확신이 없어 삶이 불안한 당신에게'라는 문장을 읽는 순간, 마음을 들킨 것 같아 두리번거리다 제목에 책을 집어 들고 벨을 눌렀다. 빙그레 웃으며 나온 사장님께 물어보듯 『내가 잘하고 있는 건지 잘 모르겠습

니다』라는 책을 건넸다. 정가의 절반밖에 안 되는 가격에 아몬드 담을 예쁜 접시도 하나 더 골랐다.

"바깥도 좀 구경하고 가도 되나요?"

"얼마든지요~"

나 또한 그런 손님이고 싶다. 새 손님이지만 낯설지 않아 헌 손님 같은. 그래서 마음 편히 맞을 수 있는 진입장벽이 낮은 그런 손님이고 싶다.

마음이 머물지 않게,
엉겨 붙지 않게, 붙잡히지 않게

: 연화

　모두가 칭찬하는 그곳, 뭐가 그리 좋은지 내 눈으로 확인해야겠다. 황오동 골목, 매번 멈춰서서 사진을 찍던 기름집을 지나, 관사탕제원 안쪽으로 들어섰다. 몇십 미터쯤 가자, 골목은 자전거도 지나기 힘들 만큼 좁아졌다. "여기가 맞나?" 두리번거리다 '연화'라는 작은 입간판이 눈에 들어왔다. 이질감 없이 골목에 섞여 들어있는 나무 대문. 식물들이 자리 잡을 시간이 필요해 보이는 조금 썰렁한 정원. 그 속에서도 연두색을 아주 살짝 섞은 듯한 크림색의 목수국이 활짝 피어있다. 아직 담장 높이의 반도 되지 않는 나무의 키를 머릿속 연필로 그어놓고, 그 옆에 꼼꼼히 날짜도 적어두었다. 무엇이든 잘 길러내는 경주의 기운으로 내년엔 더 자라 있을 나무의 키를 확인하러 와야지. 몇 송이만 씩씩하게 꽃을 피운 버들마편초 뒤로는 어색함 없이 어울려 자라고 있는 들깨가 보였다. 자리를 옮기느라 힘들었을 목련과 물푸레나무도 아직은 헐렁해 보이지만, 몸살기 없이 바람에 살랑이고 있었다. 시

간이 지날수록 풍성해질 정원을 상상하다 다른 계절의 모습이 궁금해졌다.

100년 된 오래된 주택을 '연화'라는 이름에 맞게 가꾸어 놓았다. 어느 곳이든 정성을 다하긴 마찬가지겠지만, 우리가 말하는 감각이나 취향이 이토록 다르다. 공간은 안팎으로 안 예쁜 구석이 없었다. 주문한 음료를 받아 들고 커다랗고 투박한 디딤돌을 딛고 올라, 한 손으로 쟁반을 들고 다른 한 손으로 문을 열어야 하는 동선은 문이 덜커덕거리면 여지없이 문을 여는 사람도 덜커덕거리게 된다. 마음을 읽은 듯 문손잡이 바로 위에 '잘 열리는

문'이라 쓰인 종이테이프가 붙어 있다. 역시나, 많은 이들의 칭찬엔 이유가 있었다.

일부러 그런 건가? 싶게 이곳의 책들은 낡고 오래됐다. 연화라는 이름과 관련이 있는지, 불교와 관련된 서적들도 많았다. 스피커에선 "날아가는 새들 바라보며~ 나도 따라 날아가고 싶어~ 파란 하늘 아래서~ 자유롭게! 나도 따라가고 싶어~"가 흘렀다. 집어 든 명상 시집 속 짧은 시들을 휘리릭 넘기며 읽다가 눈에 들어온 시 한 편.

선정에 노닐 줄도 알며 어리석음에 흔들릴 줄도 아는 것이 스스로를
속이지 않는 眞人의 처세로다.

내면을 다스릴 줄은 모르고, 어리석게 흔들며 나를 속이고 위로
하는 요즘이다. 어찌해야 할지, 방법도 함께 알려주면 좋겠다고
생각했는데. 다시 휘리릭 넘기다 눈에 든 또 다른 시가 말해준다.
'마음이 머물지 않게, 엉겨 붙지 않게, 붙잡히지 않게' 하면 된다
고. 하지만 방법을 알아도 어리석은 인간은 진인은 못 될 듯하다.
아카시아 타르트 위에 올려진 마른 꽃에도 향기가 남아 있지만,
나무에 피어 바람에 흩날리는 향을 따라가진 못했다.

손님이 모두 떠난 첫 번째 공간이 궁금해 '천천히, 그러나 빠르
게'라는 모순된 속도로 둘러보다가, 책을 벽에 심어 만든 작은 선
반과 원두막 사다리 같은 테이블 다리엔 제대로 취향 저격당해
사진을 찍어두고, 따라 해봐야겠다고 생각했다. 자리로 돌아와
시간을 보내다 다시 여행길을 나서려 짐을 챙겼다. 서늘해진 피
부로 나가려면 심호흡이 필요한 계절. 그렇게 더운 여름은 에어
컨을 틀어도 컵이 있던 자리에 흥건히 물 자리를 만들었다. 머물
렀던 자리에 흔적을 남기고 싶지 않아 냅킨으로 꼼꼼히 닦아도,
나무에 스며들었던 물 자국은 닦이지 않았다. 조용히 의자를 밀
어 넣고 카페를 나왔다.

커피 볶는 방앗간

: 바넘커피 로스터스

    분홍색 선녀장과 목재소 사잇길로 들어섰다. 얼핏 보니, 목재소 문 옆 성질 급한 장미가 두어 송이 피어있다. 풍성과는 거리가 먼 장미 넝쿨이지만 빨간 장미가 필 땐, 분홍색 선녀장 건물과 엉성한 나무 울타리와 하얀색 나무 간판이 어우러진 풍경을 좋아한다. 겨울엔 나지 않던 나무 냄새가 골목에 퍼진다. 오늘은 문

을 닮은 명지탕을 지나 골목 끝에 다다르면, 오른쪽으로 꺾어 조금 더 달린다. "어디야?" 하며 경주체육사가 보이는 곳으로 들어가면 바넘커피 로스터스가 있다. 어라? 여긴? 늘 안이 궁금하던 목재소 뒤편이다. 껍질을 벗은 두꺼운 통나무들이 줄줄이 쌓여 있고, 지게차가 부지런히 나무를 옮기고 있다. 슬쩍, 들어가 보고 싶은 생각이 들었다.

아무래도 경주는 땅의 기운이 좋은듯하다. 몇 년은 자랐을 것 같은, 키가 나만 한 로즈메리에 보라색 꽃이 피었다. 세월은 입었지만, 풍파에 바니시가 씻겨나간 의자 밑에서 고양이 한 마리가 밥을 먹고 있다. 눈인사하려고 쳐다보니 느릿느릿 자리를 피한

다. 야속해하며 방앗간인 듯 구수한 냄새가 퍼져 나오는 카페 안으로 들어섰다. 옛날 과학실이나 실험실에서 여섯 명이 한 조로 앉았던, 책상다리에 여섯 개의 의자가 연결되어 있는 테이블 두 개가 놓여있다. 앉을 때 적당히 다리를 벌리고 앉아야 한다. 한쪽 벽엔 회색 시멘트 벽돌을 쌓고 그 위에 나무판을 놓아 만든 자리도 있다. 메뉴판이던 노트북 화면엔 달랑 필터 커피 하나, 원두도 하나, 선택의 고민도 하나뿐이다. hot or ice. 이 얼마나 단순한 친절인가? 수많은 메뉴 중의 하나를 혹은 몇 개를 고르는 즐거움도 물론 있지만, 그마저도 귀찮을 때가 있다. 여긴 그날의 기온과 나의 체온 차이에 따라 차갑게 혹은 뜨겁게만 선택하면 된다. 가격도 저렴해서 고민될 땐, 둘 다 시켜도 부담스럽지 않다. 이런 단순함이 과부하 걸린 머리에 쉼이 되어 준다. 이것 말고도, 우린 고민하고 선택해야 하는 일들이 너무 많으니.

4월인데 여름 흉내를 내는 날씨에 차가운 필터 커피를 주문했다. 아무도 없던 카페. 구석을 좋아하는 사람은 테이블 끝에 앉아 창밖을 구경했다. 더운 날씨에 이슬이 맺힌 차가운 컵을 집어 들고 한 모금 마시니 슬며시 구수한 향이 느껴졌다. 커피 향도 좋지만, 공간을 온통 가득 채운 커피 볶은 향은 가만히 앉아 숨을 들이마실 때도 커피를 마시는 기분이 들게 해준다. 살짝 벌어진 틈에 난방비가 걱정되는 창문은 내 것이 아니라 그 멋에 취해도 괜찮다. 멋 내다 얼어 죽어도 이 정도 멋이라면 감수할 수 있다. 물론 내 것이 아니라서. 내로라하는 능 뷰도, 꽃 뷰도 아니지만 쌓아 놓은 통나무와 낡은 포크 레인, 그 뒤 바람에 춤을 추는 커다란 나무 한 그루, 그 나무 아래 운동기구 위에서 리듬감 있게 몸을 좌우로 흔드는 어르신을 보며 같은 리듬으로 몸을 슬쩍슬쩍 흔들어 본다. 옆으로 난 창문으론 바랜 듯 연한 코랄 빛 담이 반을 차지하고, 그 뒤로는 목재소의 슬레이트 지붕과 목욕탕 굴뚝이 보였다. 높이로 보아 선녀장 굴뚝인 듯하다. 아이가 그린 귀여운 그림과 빛바랜 백귀야행, 커피 볶는 소리와 MTV에서 나왔을 팝송, 달그락거리며 설거지하는 소리가 그곳을 채웠다.

벌도 목재소도 바쁜 계절. 로즈메리꽃에서 부지런히 꿀을 따는 벌들과는 달리, 나란 베짱이는 산들산들 부는 바람에 흔들리는 나무를 보며, 시원한 커피를 마시며, 귀에 익은 멜로디를 흥얼거리며 나의 경주를 노래했다.

바넘커피도 가보세요. 여기 카이막 토스트가 상당히 맛있습니다.

공간과 사람을 이어주는 북카페

: 이어서

문장과 문장을 이어서, 공간과 사람을 이어서, 사람과 사람을 이어요.

기교 없이 담백한 간판이 멋있다. 30년은 돼 보이는 계단을 오르면 '이어서'가 있다. 황리단길에 있는 '어디에나 있는 서점, 어디에도 없는 서점' 일명 '어서어서'의 2호점. 서점과 카페를 겸한 북카페다. 뒤돌아서면 까먹고, 방금 읽은 문장도 되짚어 다시 읽어야 하는 선택적 내향인에겐 '공간과 사람을 이어서'라는 말이 가장 마음에 이어졌다. 입구도 참 담백하다. 조용히 책 읽는 북카페이니 이러이러한 것을 조심해 달라는 내용의 글이 붙어 있다. 공간에 대한 그림도 참신하다. 열람할 수 있는 도서와 구매 후 열람해야 하는 도서, 판매하는 도서와 어서어서 출판사의 도서, 큐레이션 도서 등이 아주 쉽게 그림으로 설명되어 있다. 손님 대부분이 창가에 앉아 있다. 한쪽이 비어있어 그곳에 앉으려다, 스피커 옆 구석에 자리를 잡았다. 역시, 조금 떨어져서 창문을 보는 게 더 좋다.

계절을 담은 공간을 좋아한다. 이어서는 그런 공간이다. 창문을 통해 볼 수 있는 풍경으로, 그 창문을 통해 들어오는 빛으로 이어서라는 공간은 계절과 시간을 담아낸다.

일이 많았던 가을. 신경 쓸 일이 생기면 어느 한 가지에 집중하기 힘든 성격이라 나 자신도 내가 힘들어진다. 그런 상황에서 무작정 온 경주. 시끄럽게 떠들어 머릿속을 헤집고 들어오는 소리가 없다. 조용히 소곤거리고, 책장을 넘기고, 찻잔이 달그락거리고, 나무 바닥이 조금 삐걱거릴 뿐이다. 스피커에서 흘러나오는 음악을 들으며, 비스듬히 들어오는 늦가을 빛이 엘피판에 반사돼 벽에 일렁이는 모습을 한참 동안 보고 있었다. 빛이 음악에 맞춰 춤을 추는 다정한 공간이라 생각했다. 떠나오길 잘했다고, 정말 오길 잘했다고 계속 생각했다.

마음에 꽂히는 책이 없어 어슬렁거리다 열람할 수 있는 책장 앞에서 소리 없는 함박웃음을 지었다. 『슬램덩크』와 『오디션』이라니. 『슬램덩크』가 극장에서 개봉했을 때 두 번을 보고도 같은 대목에서 울었다. 그것도 모자라 넷플릭스에 올라왔을 때 보고, 또 보고 또 울었다. 나의 학창 시절은 8할이 만화책이었다. 그 8할의

많은 부분을 차지했던 만화들을 보니 괜스레 더 마음이 이어지는 기분이었다. 임시방편일 테지만 눈 가리고 아웅 하는 마음으로 생각해야 할 일을 덮어 구석으로 몰아 놓고, 좋아하는 음악을 듣고, 좋아하는 커피를 마시며 잠시 잊게 되는 기분이었다. 그런다고 뭐가 달라지냐고 물으면 뭐가 달라지길 바라서가 아니라 그런 시간도 필요해서라고 답할 수밖에. 그러다 보니 어느새 해가 저물고 돌아가야 할 시간이었다. 경주에서의 일상을 상상해 본다.

'성동시장에서 배를 채우고, 경주 읍성 한 바퀴 돌아 좁은 골목을 미로찾기 하듯 걸어야겠다. 낮고 오래된 아파트 화단에 핀 가을 국화를 구경하다가 햇빛이 좀 더 오렌지빛이 될 때쯤 이어서에 들러야지. 커피도 좋지만 차와 꿀 토마토를 주문하고 줄 맞춰 늘어선 책 표지를 쓱- 한번 훑고는 아무 자리에나 앉아도 좋겠지

만, 역시나 스피커 옆 구석 자리가 좋겠다. 그곳에 앉아 경주에서 보낸 그날 하루를 기록하고, 다 쓰고 나면 만화책이 있는 곳으로 가서 『슬램덩크』 아무 권이나 뽑아 읽다가 매번 눈물이 나는 장면에서 또 주책맞게 울고는 다시 고이 꽂아 두고, 들어가는 길에 맥주 사갈까? 고민하다가 눈에 들어오는 표지의 책 한 권을 사서, 이번엔 꼭 다 읽어야지 마음먹으며 그곳을 나선다.'

고분을 품은 미술관

: 오아르 미술관

  노서리 고분군 마총 앞. 얼핏 보면 또 다른 고분이 그곳에 있는 듯 길고 넓은 유리창으로 고분들이 비친다. 비스듬한 직선의 지붕이 건물임을 알려준다. 공간의 단절이 아닌 공간을 담음으로써 경주의 고분은 또 다른 작품이 된 듯하다.

  옆으로 난 문을 열고 들어가면 고분을 담고 있던 그 유리창을 통해 고분이 펼쳐진다. 밖에선 옆으로 누운 사다리꼴 모양이지만, 안에서는 1층과 2층으로 공간이 나누어지며 긴 직사각형 프레임으로 담긴다. 제한된 프레임을 바라보는 시각은, 고분의 아랫부분과 그곳을 감싸고 있는 돌과 나무, 그리고 지나는 사람들로, 마치 거대한 영상을 보고 있는 기분이 든다. 1층 카페 뒷면의 스테인리스 거울엔 유리창을 통해 들어오는 풍경이 그대로 반사된다. 그 말은 1층 내부의 모습도 그대로 비춘다는 것. 사람이 많을 때 번잡함도 배가 될 수 있겠다. 하지만 거울이라기보단 유리창으로 난 풍경처럼 보여 마음에 들었다. 좁고 하얀 계단으로 2

층에 오르다 뒤를 돌아보면, 계단 천장 세로 난 벽으로 별이 떠 있듯 조명이 붙어 있다.

　2층 전시실엔 '지구의 울림(Echoes of the Earth)'이라는 주제로, 에가미 에츠의 신작 17점이 전시 중이었다. 사선으로 비스듬한 천장이 공간마다 다른 개방감, 혹은 몰입감을 만들고 천창과 전면 창으로 들어오는 빛이 강렬한 색감과 터치의 그림들을 비추고 있다. 1층과는 또 다른 느낌의 풍경. 왼쪽에서 오른쪽으로 갈수록 높아지는 창은 하늘이 보이지 않기도, 보이기도 하며 서 있는 자리에 따라서도 그 풍경을 달리한다. 그 앞엔 동그란 소파가 놓여있다. 봉긋한 고분과 그 위로 드리운 나무와 루프탑 위를 걷고 있는 사람들의 그림자. 초록이라 표현하지만 저마다 다른 농도와 명도와 채도를 가지고 고분을 덮고 있는 잔디와 풀, 그리고

그 옆에 자리하고 있는 나무의 잎들이 보여주는 색감은 그림보다 더 오랫동안 시선을 멈추게 한다. 전시는 시간을 두고 달라지겠지만, 이 풍경은 시시각각으로 변한다.

3층 루프탑으로 오르는 계단은 천장이 없이 뚫려 있어 머리 위로 하늘을 볼 수 있다. 하늘만 보며 올라가 마주한 풍경은 미술관이 보여주는 가장 인상 깊은 고분과 마주한다. 바로, 위에서 내려다보는 고분. 문화재 인접 지역은 건물의 높이를 제한하는 경주에서 대릉원을 중심으로는 높은 건물이 없다. 그래서 낮은 지붕의 경주를 사랑하지만, 가끔은 높은 곳에서 보고 싶단 생각을 한다. 그러다 보니 고작 3층 높이의 미술관 지붕에서 바라보는 경주의 풍경은 이 미술관이 가지는 최고의 작품이 아닐까. 멀리 남산이 품고 있는 경주. 숨은그림찾기 하듯 익숙한 곳들을 손가락으로 가리키며 찾아본다.

"저건 남산, 저긴 황남동 메타세쿼이아 나무, 대릉원도 보이고, 풍력발전도 보인다!"

황리단길과 그 주변의 기와지붕, 대릉원에 봉긋 솟은 고분과 노서리의 크리스마스 나무. 그리고 그토록 보고 싶던 노서리 고분들. 그 위로 손을 흔들고 있는 나와 친구의 그림자가 비친다.

투덜거려도 엑설런트한

: 노워즈(No Words)

"저 자리는 앉는 사람이 있나? 찻길 옆이라 시끄럽고 먼지 날릴 텐데" 이런 쓸데없는 걱정을 하며 1층에 자리가 있어서 앉을까 하다가, "여긴 1층보단 2층이 더 멋있어!" 이곳이 처음인 친구를 끌고 2층으로 올라갔다. 어라, 매번 앉던 커다란 테이블이 없어졌다. 있다가 없어지니 어딘지 아쉽다. 마땅한 자리가 없어 주문하는 곳 옆에 앉았는데 옹색하다. 의자 아닌가? 싶은 손바닥만 하고 낮은 테이블은 멋은 있을지 모르겠지만 세상 불편했다. 불편하면 안 가면 되는데 매번 와서는 시끄럽고 불편하다며 투덜거린다. 화장실 앞에 의자를 가져다 가방을 올려놓으니, 그건 주문한 음료를 기다리는 분들이 앉는 의자라며 바깥에 있는 의자를 가져다 쓰라고 했다.

살림집이 아니니 이렇게 마음껏 하고 싶은 대로, 아니 하고 싶지 않은 대로 내버려두어도 괜찮겠지. 여전히 마음 가는 대로 툭툭 놓고, 척척 붙인 듯한 매력. 여전히 음악은 좋고 소리는 시끄럽다. 창으로 들어오는 가을볕이 유난히 따뜻해 보이던 날. 로고가 바뀐 하얀색 컵들이 커피를 기다리며 빛나고 있었다. 창문 자리도 좋지만, 반대쪽에 적당히 떨어져 앉아 창문을 바라보는 게 좋다.

처음 갔을 때 한 번으로 족하다 해놓고 벌써 몇 번째인지. 처음 다녀오곤 다음엔 꼭 excellent(라떼+아이스크림)만 마셔야지 해놓고 매번 다른 커피를 시키고, 매번 다음엔 꼭 엑설런트만 마셔야지 했는데. 이번에 다행히 정신 차리고 엑설런트만 시켰다. (개인적 취향입니다. 다른 커피들도 맛있어요) 친구와 이곳의 단열에 관해 이야기하는데, 창가 쪽 손님들이 우르르 나간다. 떨어져 보는 게 좋다던 사람은 창가 자리로 옮겨도 되냐고 물어보고 자리를 옮겼다. 자리를 옮기니 안 보이던 것이 보인다. 커피를 내리는 바의 뒤쪽. 역시 남의 살림살이 구경은 즐겁다. 잘게 잘게 금이 간 바닥을 보다가 내 파란색 반스가 보였다. 많이 걸을 걸 알면서도 신고 간 나는 여행 내내 후회했다. 편한 신발은 이제 여행의 불가결한 필수 요소라는 걸 깨달으며. 또 잊어버리고는 아무 생각 없이 신고 가겠지만. 노워즈의 엑설런트처럼.

휴대폰에 창밖의 풍경이 비친다. 5월이면 눈꽃이 피는 이팝나무는 이젠 노란 잎들만 남았다. 찻길 쪽으론 고분들이, 반대쪽으론 높은 건물 하나 없이 고만고만한 지붕들이 보인다. 몇몇 경주 카페에서는 이런 풍경을 커피 한 잔으로 누릴 수 있다. 가성비 좋

은 호사에 커피까지 맛있으니, 금상첨화다. 화장실을 가는데 펼쳐진 잡지에 반가운 핑크플로이드 앨범 표지가 보였다. 분명 나도 가지고 있는 앨범인데 어디에 뒀는지 기억이 나질 않는다. 처음 노워즈에 왔을 때 탐이 났던 이곳의 가구들도 나이를 먹는다. 나이를 먹어도 탐이 났다.

달달함이 필요한 가을 오후. 적당히 차갑고, 적당히 달달하고, 적당히 향긋한 엑설런트는 적절하게 엑설런트했다. 이거 마시러 다시 와야겠다며 지도에 저장하는 친구에게 "난동 투어 만족하십니까?"라며 생색 아닌 생색을 내본다. 이젠 이번으로 족하다는 말은 못 하겠다. 올 때마다 자빠짐을 걱정하며 내려가는 계단(2층을 오르내리는 계단은 상당히 가파르다). 늘 똑같은 것 같지만 조

금씩 달라지는 덕지덕지 붙어 있는 그림, 스티커, 사진들. 그리고 여전히 안쪽으로 열어야 하는 불편한 문과 단열 걱정을 하게 만드는 노워즈만의 매력. 매번 툴툴거리지만, 나는 이곳을 좋아하는 것 같다. 그리고 이번에도 손님 중에 우리가 제일 늙었다. 하지만, 괜찮다. 어딘지 힙한 중년 같아서.

내 사랑의 옛 사진첩

: 경주박물관 신라천년서고

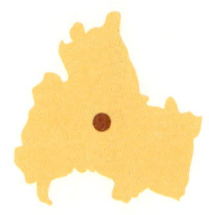

'아. 도서관.'

박물관 한쪽, 목련을 쫓아 돌아내려 온 그곳엔 도서관이 있었다. 새로 지어진 것 같진 않은데, 신라역사관과 나이가 엇비슷해 보이는 건물은 하얗게 색을 칠하고 낡은 부분을 수리했지만, 경주라는 이미지를 입은 오래된 건물이 갖는 특유의 느낌이 경주중앙도서관을 처음 봤을 때와 닮았다. 그건, 도서관이라는 동일함에서 오는 건지도 모르겠지만. 사람들로 북적이는 본관과는 달리 지대의 단차가 다른 장소를 만들어 낸 듯, 주변은 고요했다. 문을 열고 들어가면 외관만 보고 상상했던 이미지와는 전혀 다른 공간이 펼쳐진다. 당장 눈앞에 보이는 석등과 그 너머로 파릇한 대나무를 담은 통창은 '신라천년서고'라는 이름과 잘 어울렸다. 콘크리트 기둥과 천장널 없이 노출된 목조의 천장. 차가운 석조 바닥을 나무 책장과 가구들이 아늑하게 감싸고 있다. 혼자 박혀 연구라도 해야 할 것 같은 구석 자리, 반쯤 누워 기대 책을 볼 수 있는

소파, 기다란 조명에 쪼르륵 앉을 수 있는 테이블. 많지 않지만, 다양한 자세로 책을 읽을 수 있는 자리들이 마련되어 있다.

경주와 신라에 관한 서적들과 국내외 전시 도록, 국립경주박물관이 발간한 책들까지 만권이 넘는 책들이 '박물관과 신라 불교', '문화재와 미술', '고고학과 경주', '발간자료', '도록'으로 나뉘어 서고 안을 메운다. 답답함 없이 여유롭게 배치되어 있고, 편안한 조명과 적절한 곳에 내어 둔 창은 누군가의 취향이 오롯이 담긴 듯한 서재처럼 보인다. 쉽게 접하기 힘든 전문 서적들은 그림만 봐도, 사진만 봐도 재밌다. 그중엔 책 뒷면 안쪽에 대출 카드가 꽂힌 책들도 있다. 영화 「러브레터」 속 이즈키처럼 대출 카드 뒷면에 좋아하는 사람의 모습을 그려놓고 싶은 생각이 들었다.

　사진을 찍을 수도, 대화를 나눌 수도, 반쯤 누울 수도, 음료를 가져와 마실 수도 있는 도서관. 한 가지 불편한 점은 화장실이 없다. 화장실이 가고 싶으면 슬렁슬렁 걸어 이디야가 있는 건물로 가야 한다. 근데 그게 나쁘지 않다. 봄이면 그 길엔 자두꽃과 개나리가 피고, 가을이면 은행잎이 노랗게 물든다. 박물관 울타리 너머의 풍경도 총총 걷기보단 슬렁슬렁 걸어가게 만들어 준다.

　'반나절은 여기 있겠다 마음먹고, 해야 할 일, 하고 싶은 일거리들을 바리바리 싸 들고, 바로 내려와도 좋겠지만 많은 유물 중에 그날 마음에 드는 것을 골라 자세히 보고 내려와도 좋겠다. 이디야에 들러 커피 한 잔 사 들고, 아니면 좋아하는 카페의 커피를 텀블러에 담아와 천천히 아껴 마시며, 추천 도서 중 알고 싶던 경주의 과거를 쓴 책을 골라 읽는다. 그러다 지겨워지면 미술관 도록이 있는 책장에서 맘에 드는 제목의 책을 골라 그림을 구경한다. 대충 그린 듯하지만, 살아있는 표정의 풍속화에 감복해 따라 그려 보다가, 형편없는 실력에 기지개가 나올 때쯤 서고의 창문을 바라본다.'

  사실, 이럴 수 있는 날이 쉽게 오지도 자주 오지도 않을 걸 안다. 이상과 현실은 매우 다르지만, 이런 상상을 하게 해주는 공간이 경주에 있다는 것만으로도 감사하다. 사랑하는 이의 어릴 적 사진을 보듯, 이곳에서 사랑하는 경주의 과거를 책으로, 사진으로 마주한다.

좋아하는 책을 챙겨오시는 것도 이곳을 즐기는 방법이 되겠네요. 하지만, '아~ 정말?'이라며 몰랐던 신라의 유물에 관한 이야기를 쓴 책을 읽어보기도 하고, 가보고 싶던 박물관이나 미술관의 도록을 살펴보기도 하다가 보물찾기하듯 대출 카드를 발견하는 것도 여행의 기쁨이 아닐까요?

향이 아름다운 경주체육관

: 향미사

"향미사라는 카페 알아? '나 혼자 산다'에서 전현무랑 코쿤이 다녀갔던 카페."

집에 TV가 없어서 그 둘이 어딜 다녀갔는지 몰랐다. 어딘지 검색해 보니 지나다니며 항상 궁금했던 경주체육관. 아. 이름이 향미사였군. 아무런 사전 정보도 없이, 궁금함만으로 그곳을 찾았다. 경주체육관이란 간판 밑엔 못 보고 지나친 'HYANGMISA'라고 쓰인 작은 나무 간판이 있었다.

카페 문을 열고 들어서면 밝고 따뜻하다. 사전적 의미도 포함되어 있지만, '그 사람 성격 참 밝아~ 따뜻한 사람이야~'라고 말하듯 밝고 따뜻하다. 네 개의 벽면 중에 출입문이 있는 쪽과 그 반대쪽은 유리창으로 되어있다. 나머지 두 면도 위쪽에 가로로 긴 창이 나 있어 자연광이 사방에서 들어온다. 들어서자마자 보이는 음료를 만드는 기다란 바 테이블, 그 뒤로 무성의하게 자란 식물, 살짝 보이는 한옥 지붕의 처마, 카페 가운데에 늘어서 있는 보자

기로 싼 듯 정성스레 포장한 원두들이 처음 이곳의 인상을 결정
짓는다. 뭐가 많은데 어수선하지 않고, 밝지만 차분한 느낌이 들
었다. 한쪽 벽엔 하얀 문이 있다. 제 기능을 하지 못하는 문은 드
나들 순 없지만, '이상한 나라의 앨리스'나 '스즈메의 문단속'처럼
다른 세상이 열릴 거란 '상상의 문'이 되어 머릿속 공상을 더한다.
그러면, 평범한 화분도, 느낌 있는 직원도, 벽에 걸린 액자도 어
딘지 수상해지고, 특별해진다.

  원두만 괜찮다면 맛은 보장될 것 같은 듬직한 에스프레소머
신, 정갈하게 놓인 드립퍼, 주전자, 그라인더 게다가 건물 안쪽으
로 보이는 로스팅 룸까지. 커피 맛에 대한 기대가 태산만큼 올랐
다. 다양한 종류의 원두에 필터 커피로 주문할까, 고민하다가 기

본 커피 맛이 어떤지 궁금해 아메리카노와 카페라떼를 '균형' 원두로 주문했다. 자리에 앉아 두리번거리다 커피를 내리는 모습을 지켜봤다. 길쭉하고 굴곡진 날렵한 주전자 주둥이에서 쪼르르 나오는 물줄기. 보이진 않지만, 커피 가루가 부풀어 오름을 짐작할 수 있다. 그 정성스러운 과정을 보고 있자니, 괜히 또 메뉴판을 뒤적이며 필터 커피 한 잔 마셔볼까? 라는 생각이 들었지만, 이미 오늘의 카페인 적정량을 채우고도 넘친지라 원두 이름만 공부하듯 읽어내렸다. 커피 맛이 기대되는 곳은 마시기 전에 속으로 주문을 건다. '맛있어라~ 맛있어라~'

주문 덕분인지 아이스로 마셨음에도 상당히 맛있었다. 약간의 산미와 구수한 풍미의 밸런스가 좋아 '균형'이란 이름에 고개가 끄덕여졌다. 마시고 난 뒤에도 텁텁함 없이 깔끔해서, 이후엔 아이스아메리카노가 마시고 싶을 땐 향미사로 향한다. 밀크티는 특이하게 팔각이 함께 나온다. 팔각 자체의 향은 호불호가 있을 듯한데, 밀크티에 넣으면 그 특유의 향은 스르르 사라지고, 밀크티의 풍미는 더 진해진다. 레몬 반개를 통째로 넣어주는 레몬 에이드는 너무 상큼해서 마실 때마다 저절로 눈이 작아진다. 계절 메뉴처럼 쌀쌀하다 싶으면 밀크티를, 좀 덥다 싶을 땐 레몬 에이드를, 커피는 언제라도.

동행이 있다면 반찬처럼 카페라떼를 주문해도 좋다. 아메리카노나 필터 커피는 취향껏 한 잔씩, 카페라떼는 한 모금씩 나눠 마시면 커피의 맛과 향이 더 잘 느껴진다. 테이블마다 하나씩 놓여 있는 홈메이드 티라미수는 조금만 제누와즈의 존재감이 느껴졌더라면, 적당히 묽었더라면 하는 아쉬움은 있지만, 먹다 보면 코코아 파우더 때문에 자꾸 사레들리면서도 계속 먹게 된다. 예쁘게 포장된 원두를 볼 때마다, '하나 사서 가져가 볼까?' 하다가 관둔다. 커피는 역시 남(전문가)이 내려주는 커피가 더 맛있고, 공간은 그 맛에 멋을 더한다. 생각나서 마시고 싶으면? 그럼, 경주로 가야지.

놓고 있던 꿈을 그리며

: 소소밀밀(그림책 서점)

아이들의 그림은 솔직하다. 방귀 뀐 친구를 잔뜩 화가 난 얼굴로 째려보고, 그 옆에서는 휘파람을 불며 얄밉게 춤을 춘다. 아이스크림을 흘린 아이는 주저앉아 엉엉 울고 있다. 서점 문을 열자마자, 벽에 붙은 아이들의 그림만으로도 하나의 이야기가 펼쳐진다. 그림은 직관적으로 다가오지만, 보는 이에 따라 상상의 끝은 다르다. 특히 편견 없는 아이들의 머릿속은, 틀에 갇혀 버린 어른의 마음이 닿지 못하는 곳까지 뻗어나간다. 서점 안으로 발을 들이는 순간, 그런 상상 속으로 들어서는 기분이 들었다. 어딘지 낮은 천장은 「백설 공주」속 난쟁이들의 집이 떠올랐다.

경주의 서점 중에서, 아이들의 소리가 가장 자연스럽고 잘 어울렸던 곳. 책들은 아이들의 눈과 손이 닿을 수 있는 높이 맞춰 놓여있었다. 키 큰 어른이 허리를 숙이지 않아도 무슨 책인지 알아볼 수 있는 건 그림책의 매력이지. 진정, 표지만 봐도 재밌다. "이건 엄마~ 이건 ○○이~ 이건 엄마~ 이건 ○○이~" 무한 반복되는

그 소리가 달게 들린다.

　그림책과 그림으로 가득하지만, 그 안에는 곤충, 공룡, 숲, 괴물, 바람, 하늘, 고양이, 수박, 자전거, 빨간 머리 앤, 그림자, 과거와 미래, 그리고 이 순간까지 상상할 수 있는 모든 것이 시간과 공간을 초월해 작은 책방 안을 메우고 있다. 아직 덜 컸는지, 이곳에서 잔뜩 신이 나서 그림책 속 마음에 드는 글귀를 사진으로 찍다가 "그림책 내용은 사진 찍으시면 안 돼요~"라는 소리에 퍼뜩 정신이 들었다. 얼른 사진을 지우고 죄송하다고 말씀드렸다. 바로 옆에 '창작자의 저작권 보호를 위해 도서 촬영은 하지 말아 주세요'라는 메모지가, 그제야 보였다.

　판매하는 엽서 속, 낯익은 고양이 한 마리가 눈에 들어왔다. 경주에서 유일하게 이름을 붙였던 고양이 '아바타'가 사진 속에 있었다. 매번 진짜 이름이 궁금했는데.

"혹시, 저 고양이 이름이 뭔가요?"

"아, 조나단인데, 저흰 아바타라고 불렀어요."

"네? 아바타요?"

세상에, 저 녀석을 아바타라고 부르는 사람을 만나다니. 반가운 마음에 아바타란 이름을 붙이게 된 사연을 적어둔 글을 보여 드

리며, 너무 신기하다고 호들갑을 떨었다. 잘 지내고 있는지 궁금해 여쭤보니, 잘 지내지 만 이젠 나이를 먹었는 지 전 같진 않다고 하 셨다. '그래서 아바타 라고 불렸을 때 대답한 거였구나? 아바타! 동 화에서처럼 오래오래 건강하고 행복하게 살 다가 또 우연히 만나.' 사진 속 고양이에게 인 사를 건넸다.

서점에 들어오자마자 눈에 들어왔던 한요 작가님의 『어떤 날, 수목원』을 집어 들고, 구서보 작가님의 '오후 두 시 대릉원' 그림도 함께 골랐다. 책과 그림을 담아주신 봉투를 가슴에 꼭 끌어안고 언젠가는 이곳에 내가 그린 그림책도 있었으면 좋겠다, 생각했다. 돌아가면 완성하지 못한 나의 그림책을 다시 그려봐야지. 그동안 그려둔 그림에는 몇 글자라도 적어봐야지. 이 동화 같은 공간에서, 놓고 있던 꿈을 다시 그려 본다.

무령왕릉 근처에 '소소밀밀 북카페'도 있습니다. 운영시간과 날짜는 미리 확인하고 가시는 게 좋아요.

언젠가 사라질지라도

: 경주 골목길

쨍하지 않은 경주의 색감을 좋아한다. 그래서 황리단길보단 열두어 걸음쯤 더 들어가는 골목길을 좋아한다. 차는 들어올 수도 없으니 택배 배달은 어찌하나 싶은, 나란히 걸으려면 어깨를 꼭 붙이고 가야 할 것 같은 비좁은 길. '모던', '세련'은 찾아볼 수 없는 그런 길. 대문을 열어 둔 집이 대부분이고, 저녁 무렵이면 어느 집에서 된장찌개를 끓이는지, 고등어를 굽는지 알 수 있다. 정갈한 집도, 어질러진 집도 마당엔 꽃을 키우고, 옥상 빨랫줄엔 이불이 널려있다. 가뜩이나 좁은 골목, 빗물이 타고 흐르는 배관이 짧아 소나기라도 오면 요란하게 튈 텐데. 지나가는 이웃에게, 곱게 칠한 벽에 튀지 말라고 호스를 잘라 이어 붙여 놨다. 전문가의 솜씨는 아니지만, 나름 심혈을 기울여 발랐을 것 같은 시멘트 위로 색을 맞춰 칠한 페인트. 누가 갈까 싶은 행사 전단과 종이만 휙 잡아 뜯은 듯 덕지덕지 붙어 있는 테이프 자국. 칠이 벗겨진 곳도, 녹물에 물든 곳도 있지만, 거기엔 경주의 색이 담겨 있다.

집 앞에 키운 꽃과 나무들이 만드는 그림자엔 다정한 마음이 숨겨져 있다. 구멍가게 앞에 사람들이 옹기종기 모여 수다를 떠는 모습을 본 게 언제였더라. 경주의 골목엔 그 모습이 남아 있다. 자전거를 타고 가다 마음 닿는 대로 불쑥 핸들을 꺾어 그런 골목길을 조심스레 달려본다. 빨리 달리면 바람을 느낄 수 있지만, 천천히 달리면 삶을 느낄 수 있다.

그러다 아직 늦게 핀 장미가 남아 있는 어느 집에 시선이 멈췄다. 튼튼히 버틴 뼈대도, 이젠 보기 힘든 창살과 유리도, 한때 사랑받으며 자란 듯한 나무도 모두 안타깝다. 사람의 온기를 잃은 집은 금세 티가 난다. 멀찍이 떨어져 바라보기에, 살아보지 않았기에 아름다워 보일지도 모른다. 그래도 아쉬워 까치발을 들어 한 번 더 들여다본다. 구하기 힘든 타일로 멋을 낸 기둥, 도둑에게 경고하듯 담 위에 박힌 유리 조각에는 추억이 담겨 있다.

상수도 공사 중 유적 발굴로 공사가 늦어져서 죄송하다는 안내문은 경주라서, 경주니까. 대문의 열쇠가 고작 숟가락이면 어떤가. 대문 앞 나란히 놓인 자주색·다홍색 의자에 앉아 계신 할머니들께 인사하면, 뉘 집 자식이냐 궁금해하신다. 플라스틱 화분이나 스티로폼 상자에 심은 채소들을 서로에게 나누며 허전함을 달랠지도 모른다. 으리으리한 찜질방 대신 높다란 굴뚝이 정겨운 목욕탕이 남아 있는 골목길. 천천히 갈 수밖에 없는 골목의 담벼락엔 그 느린 속도마저 멈춰 서게 하는 시들이 적혀 있다. 백일홍도, 아카시아꽃도 그려져 있다. 총총 달아나는 고양이를 쫓다가, 대문 밑으로 숨어든 녀석을 골목 끝 텃밭에서 마주친다.

자전거에 리어카를 매달고 가는 모습을 영상으로 남기고, 고무 대야에 심어진 라일락 향기를 맡는다. 어느 집의 나무를, 색을 맞춘 대문과 지붕을, 국화가 활짝 핀 골목을, 자전거를 타고 가는 어르신들을 자꾸 사진으로 남기는 건 그 풍경이 언제 사라질지 몰라서다. 집이 사람과 함께하듯, 집들이 만든 길도 사람도 함께한다. 빈집이 늘어나는 골목엔 집 앞에 피던 꽃들도 점점 사라진다. 상추 대신 풀이 자라고, 연기가 피어오르던 굴뚝에 더 이상 연기가 나지 않는 골목은 천천히 달려봐도, 멈춰 서도 삶을 느낄 수 없다. 그런 날이 언젠가는 오겠지만 아직은 생생히 남아 있는 삶의 경주를 나는 걷고, 달린다.

당신의 경주 여행도 해피엔딩이길

어떤 여행지와 사랑에 빠지는 건 내 집을 찾는 과정과 비슷했다. 남들이 부러워할 만한 집은 그럴싸해 보였지만 내가 감당하기엔 너무 버거웠고, 잘 팔리는 집은 내가 살고 싶은 집이 아니었다. 싸기만 한 집은 살기 힘들었고, 내 고집만 피운 집은 팔기 힘들었다. 아직도 나는 내 집을 찾고 있다. 이렇게 실패하고, 저렇게 실패하며 내가 살고 싶은 집을 조금씩 구체적으로 그려가고 있다.

경주는 내가 살고 싶은 집을 닮았다. 너무 크지도, 너무 거창하지도, 너무 삐까뻔쩍하지도 않다. 너무 잘 팔리는 곳에 있지도, 너무 불편한 곳에 있지도 않다. 눈을 돌리는 곳마다 나무가 있고, 풀이 있고, 하늘이 있다. 그래서 계절마다, 날씨마다, 시간마다 달라진다. 느리게 걸을 수 있고, 털썩 주저앉아 마음을 쉴 수 있었다. 오래되어 낡고 바랜 곳도 있지만, 그곳엔 경주만의 색깔이 쌓여있다. 자전거를 타면 웬만한 곳을 다 갈 수 있고, 봄엔 딸기가, 여름엔 복숭아가 맛있다. 맥주를 마시고 싶은 나무 밑이 있고, 커피를 마시고 싶은 자리가 있다. 책을 읽거나, 그림을 그리고 싶은 공간도, 노을 지는 경주를 바라볼 옥상도 있다. 힘들면 위로받을 수 있는 곳이 사방 천지에 있고, 자정에도 비빔밥을 먹을 수 있다. 매일 봐도 질리지 않은 풍경과 매일 마셔도 맛있는 커피와 매일 가고 싶은 곳이 있는, 다 쓰려면 끝도 없는 경주. 살고 싶은 집은 아직 못 찾았지만, 그 집과 닮은 여행지를 찾아서 뻔질나게 드나들고 있다.

살고 싶은 집에서 오래오래 행복하게 잘 살았다는 결말처럼,
나의 경주 여행도, 당신의 경주 여행도 해피엔딩이길.

다 나아서 하얀 머리카락이 까슬까슬하게 빼곡히 난 아빠는 엄
마 손을 꼭 잡고, 나를 가이드 삼아 경주로 두 번째 신혼여행을
떠났다. 돈은 아빠가 낸다더니 왜 내가 사는 건데!
그때처럼 손잡고, 그때처럼 행복하게 해주겠단 마음으로, 그때
처럼 웃으며. 하나, 둘, 셋. 찰칵!

이런 결말이면 눈물 나게 좋겠다.

언제라도 여행 시리즈 03

언제라도 경주

초판1쇄 2026년 1월 2일 **지은이** 김혜경 **펴낸이** 한효정 **기획** 한효정 **디자인** 화목 **마케팅** 안수경
펴낸곳 도서출판 푸른향기 **출판등록** 2004년 9월 16일 제 320-2004-54호 **주소** 서울 영등포
구 선유로 43가길 24 104-1002 (07210) **이메일** prunbook@naver.com **전화번호** 02-2671-
5663 **팩스** 02-2671-5662

홈페이지 prunbook.com | facebook.com/prunbook | instagram.com/prunbook

SET ISBN 978-89-6782-235-4 04980
ISBN 978-89-6782-253-8 04980
ⓒ 김혜경, 2026, Printed in Korea